Die Haftung des Versicherers

für Güter aus deutschen Schiffen in italienischen und portugiesischen Häfen.

Ein Beitrag aus der Praxis zur Lehre vom Abandon in der Seeversicherung.

von

Dr. Rudolph Martin
Rechtsanwalt in Hamburg.

Hamburg
L. Friederichsen & Co.
1918

Druck von J. J. Augustin in Glückstadt und Hamburg.

Dem Andenken meines Vaters

Dr. Rudolph Martin

derzeitigen Senatspräsidenten am Hanseatischen Oberlandesgericht

in Dankbarkeit gewidmet.

Inhaltsverzeichnis.

I. Buch. Die Sachlage.

II. Buch. Die Rechtslage.

1. Teil.

Die Haftung des Güterversicherers im allgemeinen.

Erster Abschnitt.

Zweiter Abschnitt.

2. Teil.

Die Inanspruchnahme des Güterversicherers auf Grund der Ereignisse in Italien und Portugal.

Erster Abschnitt.

Zweiter Abschnitt.

Der Abandon.

1. Unterabschnitt.

2. Unterabschnitt.

3. Unterabschnitt.

Vorwort.

Die Vermögensverluste auszugleichen, die dem Versicherten aus den Gefahren der Seeschiffahrt erwachsen können, ist der eigentliche Zweck der Seeversicherung. Wie sie dem Seehandel ihre Daseinsberechtigung entnimmt, so ist er für sie notwendige Lebensbedingung. Diese enge Wechselwirkung mußte notwendig dazu führen, daß die einschneidenden Wirkungen des gegenwärtigen Krieges auf den Seehandel sich auch im Seeversicherungsgeschäft geltend machten. War schon in Friedenszeiten bei der Summe der wirtschaftlichen Vorgänge, die sich im Warenhandel abspielen, bis die Ware vom Ursprungslande aus den Händen des Erzeugers in die Hände des Verbrauchers gelangt, unausbleiblich, daß jeder gewaltsame Eingriff in das feinverzweigte Netz wirtschaftlicher Beziehungen, in dessen Rahmen dieser Warenumlauf stattfindet, ganz gleichgültig, an welcher Stelle er erfolgt, die mannigfachsten Interessen in Mitleidenschaft zog, so mußten vollends die ebenso unerwarteten, wie nach Umfang und Tragweite unvorhergesehenen Ereignisse des Weltkrieges den Seehandel und mit ihm das Seeversicherungsgeschäft in einschneidendster Weise beeinflussen, das sich den Erscheinungsformen und Interessen des Seehandels auf das engste anpaßt. Und wiederum war es nur eine natürliche Folge, daß sich die durch den Weltkrieg geschaffenen völlig neuen Verhältnisse auch im Rechtsleben widerspiegelten.

Mit dieser jähen Umwälzung im Welthandelsverkehr, wie sie namentlich die Vergewaltigung des deutschen Überseehandels durch England mit sich brachte, hat die Rechtsentwicklung naturgemäß nicht Schritt halten können. Die Folge war, daß sich eine gewisse Rechtsunsicherheit nicht nur bei der Beurteilung bereits bestehender, sondern auch bei der Anknüpfung neuer Rechtsbeziehungen geltend machte. Die Auslegung geschlossener Verträge wurde den von Grund aus veränderten Umständen nicht gerecht und bei der Eingehung neuer Verträge war man sich der rechtlichen Tragweite des Vertragsinhalts oft nicht bewußt. So erwuchs inmitten einer Zeit, die ohnehin von jedem Einzelnen die höchste Anspannung aller Kräfte im Dienste des Vaterlandes erfordert, die ebenso schwierige wie verantwortungsvolle Aufgabe, den neuen Verhältnissen im Rahmen der Rechtsordnung Rechnung zu tragen und zwar in doppelter Richtung. Es galt einerseits zu verhindern, daß überholte Bestimmungen durch Anwendung auf den neuen Tatbestand künstlich am Leben erhalten bleiben und damit Recht zum Unrecht wurde, und andererseits unter Zurückgreifen auf die Grundgedanken der Rechtsordnung gewisse Richtlinien für eine neue zeitgemäße Rechtsentwicklung herauszuarbeiten. Wie von jeher, so fällt auch heute die Lösung dieser Aufgabe in hervorragendem Maße den Gerichten zu. Wie wertvoll, ja unentbehrlich gerade diese Tätigkeit der Gerichte für die Rechtsentwicklung ist, das bringt insbesondere für die Entwicklung des Seehandelsrechts die Rechtsprechung der hanseatischen Gerichte aus der Entstehungszeit des allgemeinen deutschen Handelsrechts immer wieder zum Bewußtsein. Die unentbehrliche Grundlage für dieses segensreiche Wirken der Rechtsprechung bildet ihre ständige Befruchtung durch die Praxis. Heute aber, wo die Ereignisse des großen Völkerringens fortlaufend neue Erfahrungen zeitigen, ist diese Befruchtung der Rechtsprechung durch die Praxis weniger zu entbehren als je zuvor. Hierzu bedarf es indessen eines bestimmten Rahmens, innerhalb dessen die praktischen Erfahrungen geordnet und aus dem Geschäftsleben heraus der rechtlichen Beurteilung zugeführt werden können. Einen solchen Rahmen für eine bestimmte brennend gewordene Frage des Seeversicherungsrechts zu schaffen, ist der Zweck der vorliegenden Abhandlung. Sie erhebt nicht den Anspruch, das zu unerwarteter Bedeutung gelangte Recht des Abandon erschöpfend behandelt zu haben. Schon der Mangel an Muße zu wissenschaftlicher Betätigung in der gegenwärtigen Zeit schloß dies von vornherein aus. Der Versuch der rechtlichen Durchdringung und systematischen Erfassung einer einzelnen Einrichtung auf dem von der Rechtswissenschaft noch immer stiefmütterlich behandelten Gebiet der Seeversicherung birgt die Gefahr der Unvollständigkeit, namentlich aber auch der nicht genügenden Würdigung dieser oder jener praktischen Gesichtspunkte notwendig in sich. Dennoch hat die Erkenntnis, wie zahlreiche Angriffspunkte eine derartige Arbeit unvermeidlich der Kritik bieten muß, den Verfasser nicht zu bestimmen vermocht, von dem Plan abzustehen, die in praktischer Beschäftigung mit der Abandonfrage auf rechtlichem Gebiete gesammelten Erfahrungen der Öffentlichkeit zu unterbreiten in der Hoffnung, daß doch der eine oder andere Gedanke sich praktisch nützlich erweisen werde.

So möge denn diese Abhandlung ihren Zweck erfüllen, indem sie weitgehendste Kritik hervorruft und dadurch dazu anregt, die in den Kreisen der Kaufmannschaft sowohl, wie der Seeversicherer in zahlreichen Einzelfällen auf dem Gebiet des Abandon gesammelten Erfahrungen einheitlich und an der im Rahmen der Gesamtbeurteilung ihnen zukommenden Stelle der Allgemeinheit zur Kenntnis zu bringen und so für die Rechtsentwicklung nutzbar zu machen.

Hamburg, Ende Dezember 1917.

Der Verfasser.

I. Buch. Die Sachlage.

Vorbemerkung.

§ 1. Vorbemerkung. Äußerlich kennzeichnen die drei Kriegserklärungen Deutschlands an Rußland vom 1. August, Deutschlands an Frankreich vom 3. August und Englands an Deutschland vom 4. August 1914 den Beginn des großen Völkerringens, aus dessen zahlreichen den Versicherungsvertrag berührenden Ereignissen nachstehend der ganz bestimmte Tatbestand herausgegriffen und der rechtlichen Beurteilung unterzogen werden soll, daß deutsche Schiffe durch den Ausbruch des Krieges entweder in ursprünglich neutralen Häfen überrascht oder genötigt wurden, solche Häfen anzulaufen. Dabei werden die Ereignisse in bezug genommen werden, wie sie sich in Italien und Portugal abgespielt haben. Die Nutzanwendung auf gleich oder ähnlich liegende Fälle, z. B. deutsche Schiffe in amerikanischen Häfen wird sich dann von selbst ergeben.

Eine weitere Begrenzung der vorliegenden Abhandlung liegt darin, daß das Schicksal der Güter und dementsprechend die Frage der Haftung des Güterversicherers in den Vordergrund gestellt werden wird.

Vorauszuschicken ist zunächst, daß die Kenntnis der Ereignisse, wie sie sich tatsächlich abgespielt haben, nur eine lückenhafte ist, da lange Zeit hindurch authentische Berichte fehlten und auch zurzeit der Sachverhalt vorwiegend aus Mitteilungen der diplomatischen Vertreter oder neutraler Firmen entnommen werden muß, die dann durch Rundschreiben der beteiligten Schiffahrtsgesellschaften an die Ladungsinteressenten zu allgemeinerer Kenntnis gelangten. Dabei konnten alle vertraulichen Rundschreiben und Nachrichten in dieser für die Öffentlichkeit bestimmten Abhandlung naturgemäß nicht zum Gegenstand der Erörterung gemacht werden. Die nachstehende Sachdarstellung nimmt daher nicht für sich in Anspruch, ein vollständiges und erschöpfendes Bild der Verhältnisse in Italien und Portugal zu geben. Sie soll vielmehr, unterstützt durch das notwendigste Anschauungsmaterial, wie es in einer Anzahl von Anhängen beigegeben ist, die unentbehrliche Grundlage für die Aufgabe dieser Abhandlung bilden, an Hand der hervortretendsten Ereignisse diejenigen Rechtsfragen einer Prüfung zu unterziehen, die der Klärung dringend bedurften.

Die Ereignisse in Italien.

§ 2. Die Ereignisse in Italien. Für Italien war die Aufgabe einer kurzen aber zusammenhängenden Darstellung der die Versicherung berührenden Ereignisse wesentlich erleichtert durch die verdienstvolle Arbeit des Züricher Rechtsanwalts Dr. Curti:

§ 2.

„Der Handelskrieg von England, Frankreich und Italien gegen Deutschland und Österreich-Ungarn"[1]), dessen auf reichliches Material gestützte Ausführungen im folgenden wiederholt angezogen sind.

Das Schicksal derjenigen deutschen Schiffe, denen es Anfang August 1914 bei Kriegsausbruch gelungen war, noch rechtzeitig einen italienischen Hafen anzulaufen, war in großen Zügen folgendes.

Bis ins Frühjahr 1915 hinein blieben Schiff und Ladung unbehelligt. Die Auslieferung von Gütern aus deutschen Schiffen an die Eigentümer konnte auf deren Wunsch nach Erfüllung bestimmter von der Reederei gestellter Bedingungen[2]) zu jeder Zeit erfolgen. Erst die Kriegserklärung Italiens an Österreich-Ungarn brachte auch äußerlich einen Umschwung in der Haltung der italienischen Regierung gegenüber den deutschen Interessen. Nunmehr trat ihr Bestreben, sich die in italienischen Häfen liegenden Schiffe deutscher Schiffahrtsgesellschaften zu militärischen Zwecken nutzbar zu machen klar zu Tage in einer Reihe von Dekreten, die sich mit der Beschlagnahme und Requisition von Handelsschiffen befassen und als Grundlage für einen Zugriff auf die deutschen Schiffe zu dienen geeignet waren[3]).

Ob diese Dekrete ganz allgemein die Beschlagnahme sämtlicher deutscher Schiffe in italienischen Häfen mit unmittelbarer Rechtswirkung aussprachen[4]) oder lediglich die Ermächtigung der Behörden zu einer je nach Bedarf von Fall zu Fall anzuordnenden Requisition enthielten, entzieht sich der Kenntnis des Verfassers, dem der Text der Dekrete nicht zugängig war. Soviel aber steht fest, daß man unmittelbar im Anschluß an die Kriegserklärung Italiens vom 23. Mai 1915 mit der praktischen Durchführung begann. Dabei wurde freilich in den verschiedenen italienischen Häfen nicht gleichzeitig vorgegangen. Während z. B. in Neapel das erste Eingreifen der Regierung bereits Ende Mai 1915 erfolgte[5]), kam es in dem entlegeneren Syrakus erst im September/November 1915 zur Requisition der dort liegenden deutschen Schiffe.[6])

---

[1]) Berlin, Carl Heymanns Verlag 1917.

[2]) Als Beispiel mögen die Bedingungen der Hamburg-Amerika Linie vom 8. Februar 1915 nebst Verpflichtungsformularen — Anhang Nr. 1—3 — dienen.

[3]) Diese Dekrete sind aufgezählt bei Curti a. a. O. S. 91.

[4]) Für diese Annahme spricht die Darstellung Curti's S. 90 und die dortselbst S. 99 wiedergegebene Veröffentlichung der Norddeutschen Allgemeinen Zeitung vom 20. Juli 1916, worin von der am 3. November 1915 erfolgten Requisition der in italienischen Häfen liegenden deutschen Kauffahrteischiffe als von der ersten gröblichen Verletzung des Handelsvertrages gesprochen wird.

[5]) S. Rundschreiben der Hamburg-Amerika Linie vom 14. Juni 1915 — Anhang Nr. 4 —.

[6]) S. Rundschreiben des Norddeutschen Lloyd vom 20. September 1915 — Anhang Nr. 7 —.

§ 2.

Die geplante Verwendung der Schiffe im Kriegsdienst erforderte in erster Linie ihre Entlöschung. Da indessen die deutschen Schiffahrtsgesellschaften angesichts der in der Requisition ihrer Schiffe gelegenen Rechtsverletzung ihre Beteiligung an der Löschung versagten, bestand der erste Schritt der italienischen Regierung darin, daß sie Kapitän und Bordpersonal veranlaßte, von Bord zu gehen und Italien zu verlassen, und zugleich ein von der Kriegsmarine bestelltes Wachkommando an Bord setzte. Nachdem dies geschehen war, begannen die Zollbehörden mit der Entlöschung der Ladung und ihrer Einlagerung. Gleichzeitig gingen die Militärbehörden dazu über, die für nationale Zwecke geeigneten Waren zu requirieren oder doch ihre Requisition durch einleitende Schritte vorzubereiten. Je nach dem früheren oder späteren Beginn der Entlöschung wurde auch mit der Requisition der Waren in den einzelnen Häfen zu verschiedenen Zeiten und auf Grund eines verschiedenen Standes der Gesetzgebung begonnen. Über die formalen Grundlagen des wohl mit an erster Stelle im Hafen von Neapel praktisch angewendeten Requisitionsverfahrens gibt ein von der Direktion des Arsenals für Artillerie-Konstruktion in Neapel an die dortige Vertretung der Hamburg-Amerika Linie gerichtetes Schreiben vom 3 August 1915[1]) Aufschluß. Danach erfolgte die Requisition in Neapel in Übereinstimmung mit einem damals noch nicht zum Gesetz erhobenen königlichen Dekret und mit den Verfügungen des Kriegsministers, die in einem dem Schreiben beigefügten Protokoll im einzelnen aufgezählt sind. Des Requisitionsverfahrens war schon an dieser Stelle Erwähnung zu tun, da es in der Folgezeit nicht ohne Einwirkung auf die Güter aus deutschen Dampfern, auch soweit sie der Requisition nicht verfielen, blieb. Im übrigen wurde die Entlöschung und Einlagerung der Ladung in den verschiedenen italienischen Häfen je nach den örtlichen Verhältnissen durchaus verschieden gehandhabt. In manchen Häfen ging durch die Unzulänglichkeit der Lagerverhältnisse die Ordnung in der gelöschten Ladung völlig verloren. Zusammengehörige Partien wurden getrennt und bisweilen über eine große Anzahl verschiedener Lagerhäuser verstreut, fremdes miteinander vermengt und zwar derart, daß ein Herankommen an bestimmte Güter nahezu ausgeschlossen war. Eine notwendige Folge der mangelhaften Unterbringung der Ware war die erhöhte Feuersgefahr. Zu ihr gesellte sich die Gefahr der Beraubung bei allen den Gütern, deren Verpackung von der Militärbehörde auf der Suche nach requirierbaren Waren geöffnet worden war.

---

[1]) Abgedruckt in einem Rundschreiben der Hamburg-Amerika Linie vom 17. September 1915 — Anhang Nr. 6 —.

§ 2.

So standen die Dinge, als die Reedereien ihren Rücktritt vom Frachtvertrage erklärten,[1]) so daß die Sorge für das Schicksal der Ware fortab ganz den Ladungsbeteiligten zufiel. Diesen aber stellten sich, soweit sie den Versuch machten, ihre Interessen an der Ladung zur Geltung zu bringen, die allergrößten Schwierigkeiten entgegen. Die Überfüllung der Zollmagazine forderte dringend Abhilfe. Die italienische Regiering griff daher zu dem ebenso bequemen wie radikalen Mittel, den öffentlichen Verkauf anzudrohen für den Fall, daß die Interessenten binnen einer bestimmten Frist nach beendigter Entlöschung nicht über die Ware verfügt haben würden. Die Anwendung dieses Verfahrens wäre mit besonderen Härten nicht verbunden gewesen, wenn die Regierung angemessene Fristen bestimmt und die Ladungsbeteiligten rechtzeitig in Kenntnis gesetzt hätte. Das Gegenteil aber geschah. Nicht nur erwiesen sich namentlich in kleineren entlegeneren Häfen wie Cagliari auf Sardinien, wo immerhin die schlechteren Verbindungen als Entschuldigung gelten mochten, die Fristen als gänzlich unzureichend, sondern es ereignete sich auch selbst in einer Stadt wie Genua, daß der Verkauf der Ladung ungefähr gleichzeitig mit der Requisition des Dampfers erfolgte und die italienische Regierung als einzigen Grund für dieses ihr Vorgehen angab, es hätten sich die Eigentümer — die von dem allen nicht das geringste wußten! — nicht rechtzeitig gemeldet. Die Folge war, daß in vielen Fällen Güter aus deutschen Schiffen zu Schleuderpreisen von Italienern aufgekauft wurden.

Im übrigen waren für die Ladungsbeteiligten die Aussichten bis in den Anfang des Jahres 1916 hinein folgende.

Gesuche um Bezahlung requirierter Güter waren für Neapel an die Arsenaldirektion zu richten. Für die nicht requirierten Güter war zunächst an eine Weitersendung nach überseeischen Ländern schon deshalb nicht zu denken, weil die Verschiffung nur mit Erlaubnis des englischen Konsuls in Neapel und des Auswärtigen Amts in London stattfinden durfte. Hiervon abgesehen lag jedenfalls in Neapel die Entscheidung über diese Güter ganz in der Hand der Zollbehörde, die auch die Freigabe zu verfügen ermächtigt war. Gesuche um Freigabe waren dorthin zu richten unter Beifügung der Konnossemente oder gleichwertiger Dokumente. Waren jedoch die Waren deutschen Ursprungs, so wurde eine Rücksendung nach Deutschland nicht gestattet. Solche Waren mußten entweder an den ursprünglichen Bestimmungsort versandt oder in Italien verkauft werden, und nur die Erzeugnisse der neutralen Länder durften dorthin zurückgeleitet werden. Von diesen Grundsätzen ist die kaiserlich deutsche Gesandt-

[1]) Für die Hamburg-Amerika Linie s. Rundschreiben vom 22. Juni 1915 — Anhang Nr. 5 —.

schaft in Bern durch das schweizerische politische Departement unterrichtet worden. Sie hat dann ihrerseits die deutschen Reedereien davon verständigt mit dem Hinzufügen, es sei wohl anzunehmen, daß die betreffenden Bestimmungen auch auf die in anderen italienischen Häfen liegenden deutschen Dampfer sinngemäß Anwendung fänden. Diese Auskunft haben die Reedereien durch Rundschreiben an die Ladungsbeteiligten weitergegeben.

Eine weitere Erschwerung brachte erst das Dekret vom 4. Februar 1916 betreffend das Verbot der Ein-, Aus- und Durchfuhr von Waren deutschen Ursprungs mit sich.[1]) Dieses Dekret dehnte die Vorschriften des gegen Österreich-Ungarn gerichteten Dekrets vom 21. Mai 1915[2]) auch auf den Handel zwischen Italien und dem deutschen Reiche aus, so daß auch hier eine Übertretung mit Konfiskation der Ware bedroht war.

Von weit größerer praktischer Bedeutung erwies sich indes ein Rundschreiben der italienischen Regierung, das sich bei Curti S. 91 ff abgedruckt findet und nach seiner Feststellung am 22. April 1916 in Rom beschlossen worden sein soll.[3]) Aus dem Inhalte dieses Rundschreibens ist folgendes besonders hervorzuheben:

1. Die Verwaltungsbehörden werden angewiesen, die Güter, die sie für geeignet halten, so schnell als möglich zu requirieren.
2. Nicht requirierte Güter aus deutschen Schiffen können von den deutschen Eigentümern nur gegen Hinterlegung ihres vollen Wertes und gegen Vorweisung der Original-Konnossemente und der Freistellungsscheine der Reederei beim Zollamt in Empfang genommen werde.
3. Das gleiche gilt für nachträglich veräußerte Güter aus deutschen Schiffen, es sei denn, daß die Veräußerung und Bezahlung
   a) vor dem 10. Februar an einen Angehörigen der alliierten Staaten oder
   b) vor dem 1. März 1915 an einen Angehörigen eines neutralen Staates erfolgt ist.
4. Ein Rücktransport von Waren deutschen Ursprungs nach Deutschland bleibt nach wie vor ausgeschlossen.
5. Alle binnen bestimmter Frist nicht herausverlangten Waren werden in öffentlicher Versteigerung verkauft.
6. Der schweizerischen Gesandtschaft als Vertreter der deutschen Interessen in Italien wird Mitteilung von der Löschung eines jeden der

[1]) Veröffentlicht in der Gazetta Ufficiale vom 10. Februar 1916 S. 657 und in der Rivista del diritto commerciale 1916 I. S. 147, abgedruckt bei Curti S. 88.

[2]) Curti S. 77 ff.

[3]) Den aus Curti S. 91 entnommenen Wortlaut s. Anhang Nr. 8.

requirierten Schiffe gemacht. Innerhalb 30 Tagen nach dieser Mitteilung muß die Ware zurückgezogen sein, doch kann die Frist erstreckt werden.

Diese Vorschriften erfuhren indes bereits Anfang Juni 1916 auf Betreiben der schweizerischen Gesandtschaft nach zwei Richtungen hin eine Milderung.[1])

1. Ende Mai 1916 erklärte die italienische Regierung, daß sie künftighin nur Vorlage des Freistellungsscheines und einer Legitimation des Überbringers fordern werde.
2. Dem Eigentümer der Ware wurde gestattet, die Ware in Privatmagazinen unterzubringen und dort unter Zollverschluß zu stellen[2]) und zwar ohne genötigt zu sein, zuvor den vollen Wert der Ware zu hinterlegen.

Der anstößigen Bestimmung vom 22. April 1916, daß der volle Wert der Ware hinterlegt werden müsse, war daher die nur kurze Lebensdauer von noch nicht sechs Wochen beschieden.

Am 18. Juli 1916 erließ die italienische Regierung ein Dekret, durch welches ein früheres Dekret vom 24. Juni 1915 betreffend das Verbot von Rechtsgeschäften für Angehörige des österreichisch-ungarischen Kaiserreiches ausgedehnt wird „auf die Angehörigen aller feindlichen Staaten und derjenigen Staaten, die mit ihnen verbündet sind", also auch auf Deutsche.[3])

Es entbehren danach jeder Rechtsgültigkeit alle Abtretungen von Waren, Forderungen, alle Handelsgeschäfte oder allgemeine Rechtsgeschäfte, welche darauf ausgehen, an Stelle eines Angehörigen oder einer juristischen Person des deutschen Staates einen Angehörigen einer anderen Nation setzen.

Ein weiteres Dekret datiert vom 8. August 1916[4]) enthält ein Handelsverbot „mit den Feinden" und ihren Verbündeten oder Personen der „schwarzen Liste".

Besondere Hervorhebung verdient Artikel 2 dieses Dekrets „Rechtliche Beziehungen, die trotz des Verbotes von Artikel 1 eingegangen werden,

---

[1]) S. Rundschreiben des Norddeutschen Lloyd vom 16. Juni 1916 — Anhang Nr. 9 — und Mitteilung des Ministeriums des Aeußeren an die schweizerische Gesandtschaft vom 2. Juni 1916, abgedruckt im Rundschreiben des Norddeutschen Lloyd vom 20. Juni 1916 — Anhang Nr. 10 —.

[2]) Die Bedingungen für die Unterbringung in Privatmagazinen s. in dem Rundschreiben des Norddeutschen Lloyd vom 20. Juni 1916 — Anhang Nr. 11 —

[3]) Die beiden Dekrete sind abgedruckt in der Gazetta Ufficiale vom 20. Juli 1916 und bei Curti S. 102 ff.

[4]) Abgedruckt in der Gazetta Ufficiale vom 10. August 1916 und bei Curti S. 107.

sind nichtig". Die in Ausführung solcher Geschäfte empfangenen oder abgeschickten Waren werden konfisziert. Es kommen hierfür die bestehenden Bestimmungen für Zollkonterbande zur Anwendung.

Am 27. August 1916 erklärte Italien Deutschland den Krieg. In der Behandlung der Waren aus requirierten deutschen Schiffen trat damit eine Änderung nicht ein. Vielmehr erklärte das italienische Ministerium des Äußeren Ende September 1916 in einer Note an die schweizerische Gesandtschaft in Rom, daß die Verordnung vom 22. April 1916 auch fernerhin auf diese Waren angewendet werde. Zugleich verblieb es aber auch bei der oben erörterten Milderung dieser Verordnung dahingehend, daß eine Hinterlegung des vollen Wertes der Ware nicht mehr gefordert wurde.[1]) Im Februar 1917 wurde für Neapel ausdrücklich und endgültig die Genehmigung zur Einlagerung deutscher Waren in Privatlager erteilt.[2]) Schließlich brachte ein Dekret der italienischen Regierung vom 29. März 1917[3]) eingehende Vorschriften über Auslieferung, Verkauf (Versteigerung) und Requisition von Waren aus requirierten Schiffen n denen u. a. auch die Frist zur Empfangnahme der deutschen Güter bei Gefahr der Versteigerung letztmalig auf den 27. Juni 1917 erstreckt wird. Von diesem Dekret gab das Schweizerische Politische Departement in Bern der kaiserlich deutschen Gesandtschaft dortselbst mit Schreiben vom 8. Mai 1917[4]) Kenntnis, und kurz darauf wurde beides den Ladungsbeteiligten durch Rundschreiben ihrer Reedereien bekanntgegeben.[5])

Die Ereignisse in Portugal.

§ 3. Die Ereignisse in Portugal.

Sehr viel spärlicher als aus Italien, mit dem ein gewisser Verkehr über die neutrale Schweiz bestehen blieb, flossen seit dem Ausbruch des Krieges im Jahre 1914 die Nachrichten aus Portugal, da sie Deutschland nur auf dem Umwege über feindliche Länder erreichen konnten. Die Kenntnisse der Ereignisse in Portugal ist daher eine besonders lückenhafte.

Die deutschen Schiffe, die Anfang August 1914 in portugiesischen Häfen hatten Zuflucht nehmen und dort verbleiben müssen, scheinen mehr als anderthalb Jahre hindurch von keiner Seite behelligt worden zu sein. In dieser Zeit lieferten ebenso wie anfangs in Italien die Reedereien auf

[1]) Bezüglich Neapel s. Rundschreiben Nr. 1192 des Vereins Hamburger Assecuradeure vom 15. Dezember 1916 — Anhang Nr. 12 — und Schreiben des schweizerischen Generalkonsuls von Neapel an die schweizerische Gesandtschaft in Rom vom 15. Januar 1917 — Anhang Nr. 13 —.

[2]) s. Anhang Nr. 13.

[3]) s. Anhang Nr. 14.

[4]) Anhang Nr. 15.

[5]) Anhang Nr. 16.

Anfordern die Güter unter bestimmten für die Auslieferung von Ladung in neutralen Zwischenhäfen geltenden Bestimmungen[1]) aus. Wohl erst Anfang 1916 gelang es den englischen Bemühungen, auch Portugal endgültig in den Dienst des Handelskrieges gegen Deutschland zu stellen. Ein am 7. Februar 1916 erlassenes Dekret bereitete ebenso wie ein späteres Dekret vom 4. März 1916 bereits den Boden für die Requisition der auf den deutschen Schiffen angetroffenen „feindlichen" Waren.

Man wird daher kaum fehl gehen, wenn man den Entschluß Portugals, auf die in seinen Häfen liegenden deutschen Schiffe die Hand zu legen, in eine noch frühere Zeit verlegt. Verwirklicht wurde dieser Entschluß durch Erlaß eines Dekrets vom 28. Februar 1916,[2]) das die Requisition der „feindlichen" Schiffe aussprach.

Um dieselbe Zeit scheint auch bereits auf Anordnung der Regierung mit der Entlöschung deutscher Schiffe und mit der Einlagerung der Waren in die Zollschuppen begonnen worden zu sein. Wie späterhin bekannt wurde, ist die Ladung aus deutschen Schiffen für Rechnung und Gefahr der Eigentümer in Lissabon in die Zollhäuser oder deren Niederlagen, in den übrigen Häfen des Festlandes und der Kolonien dahin transportiert worden, wohin es von der zuständigen Zollbehörde bestimmt wurde.

Die ersten durch die Presse verbreiteten Meldungen von einer Beschlagnahme deutscher Schiffe fanden bereits Anfang März 1916 ihre Bestätigung durch telegraphisch eingegangene Meldungen von dem Eintreffen deutscher Schiffsmannschaften in Spanien. Die deutschen Schiffahrtsgesellschaften erklärten nunmehr auch für ihre in Portugal liegenden Schiffe ihren Rücktritt vom Frachtvertrage.[3])

Die Folge der Requisition deutscher Schiffe durch den immer noch neutralen Staat war die Kriegserklärung Deutschlands an Portugal am 9. März 1916, die dem unhaltbaren Zustande, der sich in den deutsch-portugiesischen Beziehungen herausgebildet hatte, wenigstens insofern ein Ende bereitete, als sie völkerrechtlich klarere Verhältnisse schuf.

Eine zusammenfassende Aufstellung der Grundsätze für die Behandlung der deutschen Schiffe und ihrer Ladung brachte indes erst das Dekret vom 21. April 1916.[4]) Es bestimmt, daß diejenigen deutschen Schiffe, die sich zur Umwandlung in Kriegsschiffe eignen, beschlagnahmt und zwecks Ent-

[1]) Anhang Nr. 1/3.

[2]) Dieses Dekret ist nur dadurch bekannt, daß ein späteres Dekret Nr. 2350 — s. Anhang Nr. 18 — im § 30 darauf Bezug nimmt.

[3]) Bezüglich des D. „Bülow" in Lissabon s. Rundschreiben des Norddeutschen Lloyd vom 8. März 1916 — Anhang Nr. 17 —.

[4]) Anhang Nr. 18.

scheidung über ihre endgültige Verwendung dem Prisengericht übergeben werden sollen. Alle übrigen deutschen Schiffe bleiben auch ferner requiriert in Gemäßheit des Dekrets vom 23. Februar 1916. Die Güter aus deutschen Schiffen werden in Verwahrsam und Verwaltung gegeben und nach Beendigung des Krieges ohne Entschädigung zurückgegeben. Sie können indes auch requiriert, oder wenn sie dem Verderb unterworfen oder schwer zu verwahren oder zu konservieren sind, durch Vermittlung der Zollämter öffentlich verkauft werden. Im übrigen enthält das Dekret vom 21. April 1916 neben einem Verbot des Handels mit feindlichen Untertanen auch über die Ungültigkeit von Rechtsgeschäften Bestimmungen gleicher Art, wie sie Italien erlassen hat. Alle männlichen Personen feindlicher Nationalität zwischen sechzehn und fünfundvierzig Jahren werden unter militärischer Aufsicht interniert. Die gesamte Korrespondenz mit dem Auslande und den Kolonien wird unter Zensur gestellt und was den nationalen portugiesischen Interessen schädlich erscheint, vernichtet.

§ 4. Zusammenfassung der wesentlichsten Tatbestandsmerkmale.

§ 4. Zusammenfassung der wesentlichsten Tatbestandsmerkmale.

Für Portugal wie für Italien lassen sich die wesentlichsten Tatbestandsmerkmale wie folgt zusammenfassen:

Anlaufen eines neutralen Hafens bezw. Verbleiben in einem solchen infolge Kriegsausbruchs.

Längeres unbehelligtes Liegen dortselbst.

Einsetzung eines portugiesischen bezw. italienischen Marinekommandos nach Entfernung der deutschen Schiffsmannschaft.

Requisition der deutschen Schiffe durch den immer noch neutralen Staat.

Entlöschung auf Anordnung der Regierung.

Beschränkungen der Ladungsbeteiligten in der Möglichkeit, über die Ware zu verfügen, insbesondere durch Handelsverbote und Verbote bezw. Ungültigkeitserklärungen von Rechtsgeschäften mit Angehörigen feindlicher Staaten.

II. Buch. Die Rechtslage.

§ 5.

Unter Zugrundelegung des im I. Buch geschilderten Sachverhalts soll im folgenden die Frage der Haftung des Güterversicherers einer Prüfung unterzogen werden. Dabei wird zunächst ein Überblick über diese Haftung im allgemeinen gegeben und sodann zur Beantwortung der Frage geschritten werden, ob für den Versicherten die Voraussetzungen für eine Inanspruchnahme des Versicherers gegeben sind.

1. Teil
Die Haftung des Versicherers im allgemeinen.

Erster Abschnitt.
§ 5. Die Begrenzung der vom Versicherer zu tragenden Gefahren.

Die Haftung des Versicherers findet ihre Grenzen praktisch vor allem in den jedem Versicherungsvertrage eigenen Bestimmungen über den Umfang der vom Versicherer zu tragenden Gefahr. Auch die nachfolgende Untersuchung wird sich daher zweckmäßig zunächst auf die Frage zu erstrecken haben, welche von den Gefahren, denen die deutschen Güter in Italien und Portugal ausgesetzt waren oder ausgesetzt sind, zu Lasten des Versicherers gehen. Wenngleich § 69 A.S.V.B.[1]) als Grundform die Versicherung „gegen alle Gefahr" aufstellt, so bildet doch in der Praxis der Ausschluß gewisser Gefahren so sehr die Regel, daß es zweckmäßig erscheint, diese zur Regel gewordene Ausnahme im nachstehenden zugrundezulegen. Als Normalfall hat sich in der Praxis die Versicherung „nur für Seegefahr" herausgebildet. Sie stellt zusammen mit der Versicherung gegen Kriegsgefahr zwei scharf auseinanderzuhaltende Vertragstypen dar, die auch in der Folge zum besseren Verständnis einander gegenübergestellt werden sollen. Gemeinsame Gesichtspunkte werden dann leicht besonders hervorgehoben werden können. Die Versicherung „nur für Seegefahr" hat im Handelsgesetzbuch Aufnahme gefunden in Gestalt der Vorschrift des § 848 (früher Artikel 853), dessen grundlegende Bestimmungen in den § 101 der A.S.V.B. übergegangen sind.[2])

[1]) A.S.V.B. = Allgemeine Seeversicherungsbedingungen von 1867.

[2]) Den Wortlaut des § 101 A.S.V.B. s. Anhang Nr. 19. Zur Auslegung des § 101 A.S.V.B. vergl. Protokolle S. 3704/3714, 4361/4362 und Voigt, Das deutsche Seeversicherungsrecht, Jena 1884, S. 581 und 396 ff.

§ 5.

„Nur für Seegefahr“ heißt nach § 101 A.S.V.B., der darin sowohl mit dem früheren Artikel 853, wie auch mit dem § 39 des Allgemeinen Planes und dem jetzigen § 849 H.G.B. durchaus übereinstimmt, daß der Versicherer nicht haftet für solche Schäden, für welche Kriegsgefahr die eigentliche unmittelbare Ursache ist, wohl dagegen für andere Schäden ganz allgemein und zwar auch nach Eintritt einer Kriegsbelästigung. Mit anderen Worten: Wenn vereinbart ist, daß der Versicherer die Kriegsgefahr nicht übernimmt — alle übrigen Gefahren aber auch nach Eintritt einer Kriegsbelästigung tragen solle —, so bedeutet das nicht eine Freizeichnung von der Haftung für alle Einwirkungen des Krieges.

Die Haftung des Versicherers besteht vielmehr ungeachtet solcher Einwirkungen fort und erlischt erst,

a) wenn einer der nach allgemeinen Grundsätzen für jede Seeversicherung wirksamen Beendigungsgründe eintritt oder aber

b) mangels eines solchen mit der Kondemnation der versicherten Sache.[1]) Das bedeutet also beispielsweise für Portugal, daß dort trotz des auf einer Kriegsgefahr beruhenden, die Beschlagnahme der deutschen Güter anordnenden Dekrets vom 21. April 1916 der Seeversicherer forthaftet, da eine Kondemnierung noch nicht erfolgt ist. Würde also zurzeit die Ware in Portugal durch einen Seeunfall (§ 69 A.S.V.B.) z. B. Feuer betroffen, so würde trotz der vom Kriegsversicherer zu tragenden Gefahr der Beschlagnahme der Schaden nur den Seeversicherer treffen, da er zunächst durch Feuer verursacht wäre. Eine weitere Verdeutlichung bietet der Fall der Deviation. Deviation infolge Kriegsgefahr beendigt nicht die Haftung des Versicherers „nur für Seegefahr“ — vorausgesetzt daß, wie durch Zusatz zur Güterpolice[2]) geschehen, die entgegenstehende Bestimmung des § 60 A.S.V.B. vertraglich außer Kraft gesetzt ist. —.

Wenn im Vorstehenden von einem Erlöschen der Haftung des Versicherers gesprochen wird, so müßte es präziser heißen: Jede Möglichkeit entfällt, den Versicherer auf Grund eines eintretenden Ereignisses, für dessen Folgen er laut Police haftet, in Anspruch zu nehmen. Denn das ist die Bedeutung des Endigens der Gefahr.

Von der ungeachtet der Einwirkungen des Krieges fortbestehenden Haftung des Versicherers „nur für Seegefahr“ sind, so sagt § 101, wieder nur ausgenommen:

[1]) Hanseatische Gerichtszeitung Hauptblatt 1916 Nr. 131. — in der Folge abgekürzt in H.G.Z. — Die Versicherung bleibt trotz Nehmung in Kraft bis zur Kondemnation.

[2]) Anhang Nr. 20.

§ 5.

1. die zunächst durch Kriegsgefahr verursachten Schäden, insbesondere....
2. einzelne besonders genannte Folgen der Einwirkung des Krieges, die sonst nur unter der Klausel frei von Kriegsmolest (in § 100) von der Haftung des Versicherers ausgenommen sein würden. Es sind dies:
   a) die aus freiwilligem Aufenthalt wegen Kriegsgefahr entstehenden Kosten,
   b) einige weitere Folgen dieses Aufenthaltes:
      aa) Verderb und Verminderung der Güter, soweit sie nämlich auf den verzögerten Aufenthalt als Hauptursache (causa proxima) zurückzuführen sind. Denn soweit dies nicht der Fall ist, haftet der Seeversicherer selbst bei einer Versicherung gegen alle Gefahr (§ 69 A.S.V.B.) nie dafür (§ 70 Ziffer 3 A.S.V.B.)
      bb) Kosten und Gefahr der Entlöschung[1]) und Lagerung.[1])
      cc) Kosten der Weiterbeförderung ....

Der zusammenfassenden Bezeichnung der einzelnen aufgeführten Schäden als „zunächst durch Kriegsgefahr verursachte Schäden" liegt keineswegs die Absicht zugrunde, an der Tragweite des durch § 101 A.S.V.B. ersetzten § 39 des Allgemeinen Planes Hamburgischer Seeversicherungen von 1847 etwas zu ändern. Man hat im Gegenteil die klare und deshalb vorzuziehende Vorschrift des § 39 des Allgemeinen Planes inhaltlich beibehalten wollen,[2]) die sich verständigerweise auf die Aufzählung der in den § 101 übernommenen Ereignisse beschränkte und es dem Theoretiker überließ, die ihm geeignet erscheinenden Schlüsse daraus zu ziehen. Sollte der Zusammenfassung mehr als das Streben nach einer gehobenen und zugleich erschöpfenden Ausdrucksweise zugrunde liegen, so wird man dies dem Wunsche zuschreiben dürfen, die auch bei den Beratungen zum Handelsgesetzbuch vorherrschend gewesene Meinung zum Ausdruck zu bringen, daß der Versicherer durch die Klausel „nur für Seegefahr" von den unmittelbaren Folgen der Kriegsgefahr befreit werde.[3])

---

[1]) s. aber die Abänderung durch Zusatz zur Güterpolice zu § 101 — Anhang Nr. 19 — bezüglich der Gefahr der Ausladung und Lagerung.

[2]) Hierfür spricht schon der Umstand, daß Voigt in seiner vergleichenden Zusammenstellung der Bestimmungen des „Revidierten Allgemeinen Planes Hamburgischer Seeversicherungen" mit den die See-Assekuranz betreffenden Artikeln des „Allgemeinen Deutschen Handelsgesetzbuches" (Buch 5 Titel 11) — abgedruckt im Neuen Archiv für Handelsrecht Hamburg 1866 Band IV S. 178 ff. — nichts von einem tieferen Sinn der zusammenfassenden Bezeichnung „zunächst durch Kriegsgefahr verursachten Schäden" zu berichten weiß.

[3]) Protokolle S. 4326.

§ 5.

Durch das Wort „insbesondere“ wird außer Zweifel gestellt, daß die Aufzählung im § 101 keine erschöpfende sein soll, daß also auch andere Schäden als die besonders aufgezählten „zunächst durch Kriegsgefahr verursacht“ und damit von der Haftung des Seeversicherers ausgeschlossen sein können. So wird z. B. „Nehmung durch eine kriegführende Macht“ auch dann den Kriegsversicherer treffen, wenn von „Nehmung durch Kriegsschiffe oder Kaper“ nicht gesprochen werden kann.[1])

Die Einbeziehung auch mittelbarer Folgen der Kriegsgefahr in die Vorschrift des § 101 A.S.V.B. beruht, jedenfalls was die gewählte Form anlangt, lediglich auf schlechter Redaktion. Der Ausschluß dieser mittelbaren Folgen aus der Haftung des Seeversicherers, der auf Grund praktischer Erfahrungen von den Versicherern beschlossen worden war, hätte, ohne den Gedankengang des § 101 zu stören, an einer besonderen Stelle des Paragraphen aufgeführt werden müssen; jedenfalls aber nicht unter „zunächst durch Kriegsgefahr verursachte Schäden“ eingeschaltet werden dürfen, wohin er offensichtlich nicht paßt. Wenn dies dennoch geschah, so darf das nicht dazu führen, außer acht zu lassen, daß es sich dabei um eine offensichtliche Ausnahme von dem Grundsatz des § 101 handelt, daß nur die unmittelbaren Folgen einer Kriegsgefahr von der Haftung des Seeversicherers ausgeschlossen sein sollen. Nichts wäre daher unrichtiger und dem Grundgedanken des § 101 widersprechender, als die Folgerung, daß auch andere als die dort als Ausnahmen aufgeführten nicht unmittelbar durch Kriegsgefahr verursachten Schäden zu Lasten des Seeversicherers gehen könnten.

Aus dem Vorstehenden ergibt sich bereits, daß auf die erste und nächstliegende Frage: Was ist Kriegsgefahr? eine klare und abgegrenzte Antwort im § 101 A.S.V.B. nicht enthalten ist. Und in der Tat wird man danach sowohl in der Gesetzgebung wie auch im Vertragsrecht vergebens suchen.[2]) Beide Rechtsquellen lassen einen festumgrenzten Begriff der Kriegsgefahr vermissen und haben sich auf eine negative Auskunft beschränkt, indem sie bei Umgrenzung der Versicherung „nur für Seegefahr“ im einzelnen aufzählen, für welche Ereignisse der Versicherer einzustehen hat, wenn vereinbart ist, daß der Versicherer zwar nicht die Kriegsgefahr übernehmen, alle übrigen Gefahren aber auch nach Eintritt einer Kriegsbelästigung tragen solle.

Durch diese Art der Regelung ist zunächst soviel klargestellt, daß jeden-

---

[1]) Von dieser Erwägung aus ist auch die in H.G.Z. 1916 Nr. 79 abgedruckte Entscheidung jedenfalls im Endergebnis durchaus zu billigen.

[2]) Auch § 69 Ziffer 2 A.S.V.B. spricht von Gefahren des Krieges, ohne darzulegen was darunter zu verstehen sei.

falls eine Reihe von Einwirkungen des Krieges, nicht wie man erwarten könnte, zu Lasten des Kriegsversicherers, sondern noch zu Lasten des Versicherers „nur für Seegefahr" gehen und ferner durch eine Anzahl von Beispielen — Nehmung, Beschädigung usw. durch Kriegsschiffe oder Kaper — ein gewisser praktischer Anhalt dafür geboten, wann ein Ereignis als durch Kriegsgefahr verursacht anzusehen ist. Eine folgerichtige Entwicklung der Haftungsgrundsätze aus einem grundlegenden Begriffe heraus wird dagegen nicht gegeben. Einen Ansatz dazu enthält die Bestimmung, daß der Versicherer „nur für Seegefahr" nicht für die „zunächst durch Kriegsgefahr verursachten Schäden" hafte. Aber der darin enthaltene, an eine schon früher vertretene Rechtsauffassung anknüpfende Gedankengang: causa proxima non remota spectatur[1]) wird nicht folgerichtig weiter verfolgt, sondern sogleich wieder verlassen, indem als „zunächst durch Kriegsgefahr verursacht" auch solche Ereignisse mit aufgeführt werden, für deren Eintritt der Krieg nur eine ganz entfernte Ursache darstellt — z. B. Verderb oder Verminderung der Güter infolge Aufenthalts in dem wegen Kriegsgefahr angelaufenen Nothafen —.

Wenn nun weder das Gesetz noch die Bedingungen zur Genüge zu erkennen geben, was sie unter „Kriegsgefahr" verstanden wissen wollen, und auch da, wo sie von „Kriegsschäden" reden,[2]) jede Umgrenzung des Kriegsbegriffes vermissen lassen, so kann doch, wie die Erfahrung gelehrt hat, die Praxis einer klaren Begriffsbestimmung nicht entraten. Krieg ist für die Seeversicherung von Bedeutung

1. als Entstehungsursache gewisser Sorgfaltspflichten,[3])
2. als Schadensursache.

Zu 1. In seiner ersten Bedeutung ergeben sich Schwierigkeiten aus der fehlenden Begriffsbestimmung nicht. Von „Kriegsschäden" wird nicht eher die Rede sein können, als bis zwei Mächte einander feindlich gegenüberstehen, und dies bereits äußerlich in die Erscheinung getreten ist. Dabei ist, wie bereits Voigt[4]) überzeugend dargelegt hat, für das Verhältnis der Versicherungsparteien untereinander nicht der völkerrechtliche Begriff des Krieges, sondern lediglich „der äußerlich sich wirksam zeigende Kriegszustand" maßgebend.

Zu 2. Sehr viel einschneidender ist der Krieg in seiner Bedeutung als Schadensursache. Auch hier trifft Voigt den Kern der Sache, wenn er unter „Gefahr des Krieges" — genauer hätte es wohl heißen müssen: „Kriegsschäden" — „alle, Schiffen und verladenen Gütern durch

[1]) s. dazu Voigt § 69 S. 383 und 389. —

[2]) §§ 54—56 A.S.V.B. [3]) §§ 54—56 A.S.V.B.

[4]) a.a.O. Anmerkung zu § 69 Ziffer 2 A.S.V.B. S. 396—398. —

solche gewalttätige Handlungen zugefügte Nachteile" begreift, „wie sie von feindlich einander gegenüberstehenden Staaten um den Gegner zu bekämpfen, durch militärische Mittel oder sonstige Zwangsmaßregeln angewendet zu werden pflegen, gleichviel ob völkerrechtlich ein Kriegszustand anzunehmen ist oder nicht." Diese Begriffsbestimmung hat sich auch die Rechtsprechung zu eigen gemacht;[1]) sie hat bis heute an ihr festgehalten.

Damit beantwortet sich die grundlegende Frage: Wann liegt im Sinne des Seeversicherungsrechts ein Kriegsereignis vor? folgendermaßen. Kriegsereignis

Jedes Kriegsereignis setzt voraus:

1. einen Gewaltakt,
2. ausgehend von einer Macht,
3. begangen in feindlicher Absicht, d. h. als Äußerung des vorhandenen Kampfwillens.

1. Nicht jeder Gewaltakt genügt. Er muß sich vielmehr als eine jener Handlungen darstellen, wie sie von feindlich einander gegenüberstehenden Staaten, auf militärischem oder wirtschaftlichem Gebiet als Kampfmittel angewendet zu werden pflegen. Weist aber ein Gewaltakt diesen ganz bestimmten Charakter auf, so ist es im übrigen belanglos, ob er den Anfang eines Kriegszustandes bezeichnet, oder nur ein Glied in der Kette der Feindseligkeiten darstellt.[2]) Es ist daher einem staatsseitigen Eingriff in die Rechte eines anderen Staates bezw. seiner Untertanen der Charakter eines Kriegsereignisses nicht um deswillen abzusprechen, weil bis dahin ein Kriegszustand zwischen beiden Staaten nicht vorhanden war.

2. Der Urheber des Gewaltaktes muß sich als eine Macht darstellen, d. h. als Vollstrecker eines autoritativen Gesamtwillens auftreten. Die gewalttätige Handlung eines Einzelnen, auf eigene Faust ausgeführt, ist niemals Kriegsereignis. Hierin liegt eines der wesentlichsten Unterscheidungsmerkmale zwischen der Gefahr „des Krieges und der Verfügungen von hoher Hand" einerseits und derjenigen „des Diebstahls, des Seeraubes, der Plünderung und sonstiger Gewalttätigkeiten" andererseits.[3])

3. Zum Kriegsereignis wird indessen der Gewaltakt erst dadurch, daß er getragen ist von dem Willen, den Betroffenen zu bekämpfen. Dies folgt zwingend schon aus der Erwägung, daß ein und derselbe staatliche Hoheitsakt je nach den Umständen des Falles bald ausgesprochen kriegerischen, bald rein wirtschaftlichen Charakter tragen kann. Man denke an die Requi-

---

[1]) s. H.G.Z. 1888 Nr. 9 S. 26.

[2]) Ebenso Sieveking das Deutsche Seeversicherungsrecht Anmerkung 2 zu § 849 H.G.B.

[3]) § 69 Ziffer 2 und 4 A.S.V.B.

sition von Lebensmittelvorräten fremder Staatsangehöriger zwecks Schädigung des fremden Handels oder aber zwecks Milderung einer über das eigene Land hereingebrochenen Hungersnot. Im letzteren Falle wird niemand auf den Gedanken kommen, von einem Kriegsereignis zu reden. Und doch ist der tatsächliche Vorgang genau der gleiche wie im ersten Falle. Mit vollem Recht ist daher auch in der Praxis an dem Kampfwillen, der „feindlichen Absicht", als an einem wesentlichen Tatbestandsmerkmal jeden Kriegsereignisses bisher — wenn auch vielleicht oft unbewußt — festgehalten worden.

Kriegsschaden. Mit dem Begriff des Kriegsereignisses ist zugleich derjenige des Kriegsschadens oder, wie Gesetz und Bedingungen sagen: des durch Kriegsgefahr verursachten Schadens gegeben. Unter Kriegsschäden wird man alle durch ein Kriegsereignis verursachten Schäden zu verstehen haben. Je nachdem man an die Ursächlichkeit, an den ursächlichen Zusammenhang zwischen Schaden und Kriegsereignis höhere oder geringere Anforderungen stellt, wird der Kreis der Kriegsschäden enger oder weiter zu ziehen sein. So hat in einem in neuerer Zeit zur Entscheidung gelangten Fall[1]) das Landgericht Hamburg einen Kriegsschaden angenommen, wo der Schade nicht von den Aufständischen selbst, sondern von Personen angerichtet war, die sich das Versagen der Staatsgewalt zu Nutze gemacht hatten. Das Verhalten dieser Personen war kein Kriegsereignis im versicherungsrechtlichen Sinne. Auf diese Bezeichnung konnten vielmehr nur die Handlungen der Aufständischen selbst Anspruch erheben. Wenn daher das Gericht den Kriegsversicherer dennoch für haftbar erklärte, so war das nur aus der Erwägung heraus zu rechtfertigen, daß die Handlungsweise jener Personen als eine Folge des Verhaltens der Auständischen zu bewerten sei. Die ungenügende Abgrenzung der Begriffe des Kriegsereignisses und des Kriegsschadens gegeneinander, sowie die durch den Wortlaut des § 101 A.S.V.B. begünstigte unterschiedslose Bezeichnung beider als Kriegsgefahr haben zu den vielfach angetroffenen Unklarheiten über die Tragweite der Kriegsversicherung wesentlich beigetragen.[2])

---

[1]) H.G.Z. 1911 Nr. 23.

[2]) Als Beispiel diene die Definition der „Kriegsgefahr" bei Pauly Bemerkungen zum Abandon und Kriegsgefahr in der Seeversicherung — Hamburger Nachrichten vom 27. August 1914. Nr. 400. Abendausgabe. Es heißt dort:

„Kriegsgefahr ist insbesondere jede Maßnahme, welche zur Förderung seiner „Kriegsziele, zur Sicherung seiner Neutralität in Kriegszeiten oder in Zeiten „unmittelbar drohenden Kriegsausbruches ein Staat ergreift" und

„ferner ist Kriegsgefahr jede Handlung Dritter, welche in direktem, ursächlichem „Zusammenhang mit den vorstehenden staatlichen Maßnahmen steht."

§ 5.

Wie auf der einen Seite eine brauchbare Begriffsbestimmung des Kriegsereignisses erwünscht ist, schon um mehr System in die zahlreichen Kriegsklauseln[1]) zu bringen, in denen die Vereinbarung der Übernahme der Kriegsgefahr niedergelegt zu werden pflegt, so ist auf der anderen Seite die Notwendigkeit nicht von der Hand zu weisen, den Kreis der Kriegsschäden in einer den Bedürfnissen der Praxis gerecht werdenden Form abzugrenzen. Der Begriff „der zunächst durch Kriegsgefahr verursachten Schäden" genügt, darüber dürfte kein Zweifel sein, den nach dieser Richtung hin zu stellenden Anforderungen nicht, wiewohl ihm ein gewisser praktischer Wert nicht abgesprochen werden soll.

Kurz zusammengefaßt gilt für die rechtliche Beurteilung folgendes: Im Streit über die Tragweite der Kriegsversicherung wird die Entscheidung darüber, ob die Haftung den Kriegsversicherer trifft, in erster Linie aus Wortlaut und Inhalt der vereinbarten Kriegsklausel zu entnehmen sein. Liegt dagegen eine bestimmte Kriegsklausel nicht vor, oder nimmt sie, wie z. B. die Hamburger Kriegsklausel ausdrücklich auf § 101 A.S.V.B. (§ 849 H.G.B.) Bezug, so ist eine Haftung des Kriegsversicherers gegeben:

1. Für die im § 101 einzeln aufgeführten unmittelbaren[2]) wie mittelbaren Kriegsschäden.
2. Für andere Kriegsschäden, sofern ihr Zusammenhang mit einem Kriegsereignis[3]) ein unmittelbarer, das Kriegsereignis, die nächste eigentliche und entscheidende Ursache für den Eintritt des Schadens ist.[4])

---

[1]) Die Hamburger Kriegsklausel s. Anhang Nr. 21.

[2]) Mit diesen Ereignissen hat sich die Rechtsprechung wiederholt befaßt; so z. B. mit dem Begriff der „Nehmung durch Kriegsschiffe". Über diesen Begriff s. H.G.Z. 1916 Nr. 79 Seite 148. Auch R.G. Band 67 Seite 256/259. Beschlagnahme durch eine kriegführende Macht. Sie ist ein tatsächlicher Vorgang, der Schiff mit Inhalt bis auf weiteres unter die Verfügung der kriegführenden Macht bringt, ohne dadurch schon für den Eigentümer der in und mit dem Schiffe genommenen Gegenstände den Verlust seines Eigentums herbeizuführen. Leipziger Zeitschrift 1916 S. 347 Nr. 12, H.G.Z. 1915 Nr. 31, 1916 Nr. 8, 1916 Nr. 79.

[3]) Über diesen Begriff s. oben S. 17.

[4]) So Lewis, Reatz, Schröder, das Seerecht, Separatausgabe aus dem Handbuch des deutschen Handels- See- und Wechselrechts von Endemann. Leipzig, 1884, S. 385. Im übrigen ist der Begriff der unmittelbaren Kriegsschäden, der „zunächst durch Kriegsgefahr verursachten Schäden" in der Rechtsprechung bereits mehrfach eingehender Erörterung unterzogen worden. Beispiele hierfür s. H.G.Z. 1916. Nr. 157. Die Ware war in Antwerpen auf Anordnung der Regierung gelöscht und dann am Kai beraubt. Ferner H.G.Z. 1916 Nr. 125 und besonders R.G. in H.G.Z. 1917 Nr. 44.

§ 5.

Ist es zweifelhaft, ob nach Lage des Falles ein Kriegsschaden vorliegt, so wird nach ausdrücklicher Vorschrift des § 101 A.S V.B. angenommen, daß der eingetretene Schaden nicht durch Kriegsgefahr verursacht ist. Diese Auslegungsregel ist richtig angewandt von allergrößter praktischer Tragweite. Sie bildet den unentbehrlichen Ausgleich gegenüber der erheblichen Unsicherheit, die der Mangel jeglicher Begriffsbestimmung der Kriegsgefahr im § 101 notwendig mit sich bringt.

Zweiter Abschnitt.

Einfluß der Ereignisse in Italien und Portugal auf die Haftung des Güterversicherers im allgemeinen.

§ 6. Einfluß der Ereignisse in Italien und Portugal auf die Haftung des Güterversicherers im allgemeinen.

Der Prüfung der Möglichkeiten einer Inanspruchnahme des Versicherers wird zweckmäßig eine Untersuchung darüber voraufzugehen haben, ob und gegebenenfalles welcher Einfluß den bedeutsameren der zeitlich aufeinanderfolgenden Ereignisse auf die Haftung des Versicherers zukommt.

I. Die Kriegserklärungen vom 1., 3. und 4. August 1914.

I. Die Kriegserklärungen vom 1., 3. und 4. August 1914.

In erster Linie steht der Ausbruch des Weltkrieges selbst, die Kriegserklärungen Deutschlands an Rußland vom 1. August, Deutschlands an Frankreich vom 3. August und Englands an Deutschland vom 4. August 1914. Ihre einschneidende Bedeutung für die Seeversicherung liegt darin, daß sie eine „Kriegsgefahr" und damit einerseits die Grundlage für einen Eintritt der Haftung des Kriegsversicherers und andererseits die Möglichkeit für einen Ausschluß der Haftung des Versicherers „nur für Seegefahr" schaffen. Aus der Tatsache des eingetretenen Kriegszustandes erwachsen dem Versicherer besondere Pflichten, deren Nichtbeachtung eine Einschränkung der Haftung des Versicherers nach sich zieht[1]). Dahin gehören die Vorschriften der §§ 54 bis 56 A.S.V.B., die es dem Güterversicherten u. a. zur Pflicht machen, die Konnossemente auf den Namen und unter Angabe der Nationalität des Abladers, Eigentümers und Empfängers, der Güter auszustellen. Handelt der Versicherte dem entgegen, stellt er insbesondere die Konnossemente an Order aus, so gilt die Versicherung „frei von Kriegsmolest", d. h. es gilt als vereinbart, daß die Kriegsgefahr nicht übernommen ist und auch die Versicherung rücksichtlich der übrigen Gefahren nur bis zum Eintritt einer Kriegsbelästigung dauern soll (§ 100 A.S.V.B.). Im übrigen finden die Vorschriften der §§ 54 bis 56 A.S.V.B. nur Anwendung,

[1]) So H.G.Z. 1916 Nr. 114, 1916 Nr. 57. Keine Haftung des Versicherers für Beschlagnahme der Waren, wenn der Vorschrift des § 54 nicht genügt ist.

wo der Versicherer „nur für Seegefahr" zugleich die Kriegsgefahr mitgedeckt hat.[1])

Für die Schiffe in italienischen und portugiesischen Häfen werden überdies die §§ 54 bis 56 A.S.V.B. praktische Bedeutung nicht haben, da über die Ladung dieser Schiffe sämtliche Papiere bereits vor Kriegsausbruch werden ausgestellt worden sein.

II. Abweichung vom versicherten Reisewege.

II. Abweichung vom versicherten Reisewege.

Einen unmittelbaren Einfluß auf die Versicherung „nur für Seegefahr" gewinnt der Ausbruch des Weltkrieges mit dem Augenblick, wo er die Schiffsleitung zu dem Entschluß führt, von dem im Versicherungsvertrage vorgesehenen Reisewege abzuweichen. Alsdann erlischt die Haftung des Versicherers mit dem Augenblick, wo der Entschluß, die Reise nach einem anderen als dem im Versicherungsvertrage vereinbarten Hafen zu richten, zur Ausführung gebracht wird (§ 813 H.G.B., § 60 A.S.V.B.[2])

Die praktische Tragweite dieser Bestimmung erleidet indes eine erhebliche Einschränkung dadurch, daß in der Regel abweichende Vertragsbestimmungen den Fortbestand der Haftung des Versicherers auch im Falle der Deviation sichern.[3])

Im Gegensatz zum Versicherer „nur für Seegefahr" haftet der Kriegsversicherer ungeachtet der Abweichung von dem versicherten Reisewege unvermindert fort, denn diese Abweichung ist „durch einen Notfall verursacht", der sich in einer Gefahr gründet, die der Kriegsversicherer zu tragen hat, nämlich in der durch den Ausbruch des Weltkrieges hervorgerufenen Kriegsgefahr (§ 60 Abs. 2 Satz 2 A.S.V.B.).

III. Das Einlaufen selbst in den neutralen Hafen.

III. Das Einlaufen selbst in den neutralen Hafen.

hat für die Rechte und Pflichten aus dem Versicherungsvertrage keine Bedeutung.[4]) Auch für den Kriegsversicherer begründet der Umstand allein,

[1]) Dies wird für Hamburg durch den Zusatz zur Güterpolice — Anhang Nr. 22 — außer Zweifel gestellt. Die Hamburger Kriegsklausel schließt in ihrem „besonderen Zusatz für alle laufendeu und offenen Polizen" die Anwendung der §§ 54 und 55 ausdrücklich aus.

[2]) Beispiele aus der Rechtsprechung siehe bei Abraham „Die hanseatische Rechtsprechung auf dem Gebiete des Handels-, Versicherungs-, Wechsel- und Seerechts Hamburg 1901 II. Band Seerecht Seite 212. Es ist danach für die Haftungsfrage gleichgültig, ob das Schiff oder ob die Ware späterhin requiriert, wie überhaupt was später mit beiden geschehen ist.

[3]) Siehe den Zusatz zur Güterpolice zu §§ 60, 61 A.S.V.B. — Anhang Nr. 20.

[4]) Anders für den Frachtvertrag bezw. den Fall der großen Havarei. Die Abweichung von dem versicherten Reisewege erfolgte in den hier interessierenden Fällen, um recht-

daß das Schiff wegen Kriegsgefahr einen Hafen angelaufen ist, noch nicht die Haftung des Kriegsversicherers für alle von diesem Augenblick an die Güter treffenden Ereignisse. Vielmehr wird, insbesondere wo, wie durch die Hamburger Kriegsklausel[1]) die zu solcher Auffassung verleitenden Bestimmungen des § 101

„Für die nachstehenden Folgen eines solchen Aufenthaltes: Ver-
„derb und Verminderung der Güter, Kosten und Gefahr ihrer
„Entlöschung und Lagerung"

ausdrücklich ausgeschlossen sind, zu fordern sein, daß ein solches Ereignis, um die Haftung des Kriegsversicherers herbeizuführen, seinerseits wieder auf das Bestehen eines Kriegszustandes als causa proxima, also auf einen gegen die Güter gerichteten feindseligen Akt zurückzuführen sein muß. Daß eine Ausdehnung des Begriffs der Kriegsschäden auch nicht daraus hergeleitet werden kann, daß § 101 darunter und zwar unter den „zunächst durch Kriegsgefahr verursachten Schäden" auch solche aufzählt, die, wie Verderb und Verminderung im Nothafen systematisch offenbar nicht zu dieser Kategorie zu zählen sind, ist bereits ausgeführt.[2])

IV. Der Aufenthalt im neutralen Hafen.

IV. Der Aufenthalt im neutralen Hafen.

Von Bedeutung aber ist der Aufenthalt im neutralen Hafen und zwar insoweit er, sei es den Zustand der Ware beeinflußt, — Verderb oder Verminderung — sei es Kosten verursacht.

1. Verderb und Verminderung.

1. Verderb und Verminderung.

An sich dauert, so lange die Schiffe unbehelligt im neutralen Hafen liegen, die Haftung sowohl des See- wie des Kriegsversicherers grundsätzlich ungemindert fort. Bestimmte Gefahren gehen jedoch nach allgemeinen Grundsätzen nicht zu Lasten des Versicherers. Dahin gehört die Gefahr des Eintritts solcher Schäden, die durch die natürliche Beschaffenheit der Güter,

---

zeitig Schutz in einem neutralen Hafen zu suchen. Das Anlaufen des italienischen oder portugiesischen Hafens hat daher die Bedeutung des Anlaufens eines Nothafens im Sinne des § 706 H.G.B. (vergl. Schaps „Das deutsche Seerecht" Berlin 1906 S. 614 und Reichsoberhandelsgericht Band 8 Nr. 74) Von dem Augenblick des Einlaufens in den neutralen Hafen ab gestaltet sich das Schicksal der Dampfer in tatsächlicher Beziehung ebenso wie das Schicksal derjenigen deutschen Dampfer, die sich zur Zeit des Kriegsausbruchs in neutralen Häfen befanden und wegen Kriegsgefahr dort verblieben. Auf den Aufenthalt dieser Schiffe in neutralen Häfen finden freilich die Bestimmungen des § 704 H.G.B. keine Anwendung (s. Schaps S. 614).

[1]) Anhang Nr. 21. [2]) s. oben S. 15.

namentlich durch inneren Verderb und dergleichen oder durch mangelhafte Verpackung der Güter entstehen — § 70 Ziffer 3 A.S.V.B. —

Voraussetzung für den ebenso alten wie allgemein anerkannten Grundsatz des § 70 Ziffer 3 A.S.V.B., daß der Versicherer für Eigenverderb nicht haftet,[1]) ist immer, daß solcher Eigenverderb die eigentliche und entscheidende Ursache des eingetretenen Schadens ist. Haben andere Ursachen zur Entstehung des Schadens mitgewirkt, so wird ihr Einfluß auf den Eintritt des Schadens stets zu prüfen sein. Es bedeutet daher nicht eine Ausnahme sondern im Gegenteil eine folgerichtige Durchführung des Gedankens von der Befreiung des Versicherers von der Haftung für Eigenverderb wenn § 70 Ziffer 2 bestimmt, daß im Falle einer unverschuldeten und unfreiwilligen, mehr als drei Monate währenden Verzögerung der Reise — z. B. infolge Verfügung von hoher Hand — der Versicherer auch den durch Eigenverderb verursachten Schaden „in dem Maße" zu ersetzen hat, als die Verzögerung dessen Ursache ist.[2]) Der Aufenthalt des deutschen Schiffes im italienischen oder portugiesischen Hafen gewinnt sonach als selbständiges Tatbestandsmerkmal Einfluß auf die Haftung des Versicherers, wenn seine Dauer als eine mitwirkende Ursache auf den Eintritt des Eigenverderbs entscheidend einzuwirken beginnt.

Dieser mangels gegenseitiger Vereinbarung für jede Seeversicherung geltende Grundsatz erleidet indes eine wichtige Einschränkung eben für den vorliegend gegebenen Fall des wegen Kriegsgefahr im neutralen Hafen freiwillig genommenen Aufenthalts durch den Abschluß einer Versicherung „nur für Seegefahr". Denn § 101 A.S.V.B. = § 849 H.G.B. die lex specialis gegenüber der lex generalis des § 70 Ziffer 3 A.S.V.B. bestimmt, daß der Versicherer für Eigenverderb, auch wenn er durch den länger als drei Monate währenden Aufenthalt verursacht ist, dennoch nicht haftet, wenn es sich um einen wegen Kriegsgefahr freiwillig genommenen Aufenthalt handelt.[3])

[1]) Vergl. z. B. § 35 der Bremer Bedingungen, der den allgemeinen Grundsatz enthält, daß ein Schaden, welcher durch inneren Verderb der Ware entsteht, von dem Versicherer nicht ersetzt wird. Da die Bremer Bedingungen von diesem Grundsatze Ausnahmen nicht kennen, so ist folgerichtig in ihrem § 21, der sich mit der Tragweite der Klausel „nur für Seegefahr" beschäftigt, der Fall des Verderbes überhaupt nicht erörtert. Der Gedankengang, auf dem dieser Grundsatz beruht, ist besonders klar und folgerichtig wiedergegeben bei Lewis, Reatz, Schröder a.a.O. S. 360/361.

[2]) Die Ware hat sich drei Monate lang gehalten; im vierten Monat beginnt sie sich zu zersetzen, etwa infolge Aufnahme von Feuchtigkeit.

[3]) Die Fassung des § 101 „die nachstehenden Folgen eines solchen Aufenthalts: Verderb" usw. könnten verglichen mit der Fassung des § 70 Ziffer 3 „in dem Maße in welchem die Verzögerung dessen (des Schadens) Ursache ist" zu der Auffassung führen, daß § 101 im Gegensatz zu § 70 A.S.V.B. jeden Nachweis eines ursächlichen

§ 6.

Damit ist für die deutschen Güter in Italien und Portugal jede Haftung des Versicherers „nur für Seegefahr“ für Verderb ausgeschlossen.

Anders bei der Versicherung gegen Kriegsgefahr. Zwar gilt für den Kriegsversicherer ebenso wie für den Versicherer „nur für Seegefahr“ der Grundsatz des § 70 Ziffer 3 A.S.V.B., daß der Versicherer für Eigenverderb nicht haftet. Dagegen steht ihm nicht wie dem Versicherer „nur für Seegefahr“ die Einschränkung der Haftung für den Fall des wegen Kriegsgefahr genommenen Aufenthalts im neutralen Hafen zur Seite, da dieser Aufenthalt mit seinen Folgen sich in einer von ihm — dem Kriegsversicherer — übernommenen Gefahr gründet. Dauert also der Aufenthalt länger als drei Monate, so muß der Kriegsversicherer gewärtig sein, für Verderb der Ware in Anspruch genommen zu werden, wenn es dem Versicherten gelingt nachzuweisen:

1. daß die Reise durch Verfügung von hoher Hand länger als drei Monate verzögert ist,
2. daß der Zustand der Entwertung der Ware eine ursächliche Folge der Verzögerung ist.

Eine Nutzanwendung auf die Verhältnisse in Italien und Portugal erscheint keineswegs ausgeschlossen. So ist der Fall sehr wohl denkbar, daß bei einer hochverderblichen Ware, ohne daß es der Besichtigung bedürfte, der Beweis durch Sachverständige zu erbringen wäre, daß die Ware auf Grund ihrer natürlichen Beschaffenheit ganz oder zu einem festbestimmten Prozentsatz verdorben sein muß.

Damit wäre die Grundlage für eine Inanspruchnahme des Versicherers gegeben, wobei freilich besonderer Prüfung bedürfte, ob die besonderen Vorschriften über die „Bezahlung des Schadens“ (Abschnitt 6 der A.S.V.B.) eine Geltendmachung des Anspruches ermöglichen. Immerhin wird die praktische Bedeutung des § 70 Ziffer 3 wohl in der Regel durch Freizeichnung seitens der Versicherer aufgehoben sein.[1])

Zusammenhangs zwischen Verzögerung bezw. Aufenthalt und Schaden hat entbehrlich machen wollen, indem er kurzer Hand Verderb und Verminderung als Folgen des Aufenthalts bezeichnet. So verstanden würde der Abschluß einer Versicherung „nur für Seegefahr“ stets den Ausschluß der mangels gegenteiliger Vereinbarung geltenden Grundsätze des § 70 A.S.V.B. (§ 821 H.G.B) auch im Hinblick auf den Fall des Verderbs bedeuten. Ob das in der Tat die Meinung bei Abfassung des § 101 gewesen ist, kann im Rahmen dieser Abhandlang dahingestellt bleiben.

[1]) So durch die Hamburger Kriegsklausel (Anhang Nr 21), die in Ziffer 3 die Haftung für Verderb und Verminderung als Folgen freiwilligen Aufenthalts wegen Kriegsgefahr ausschließt und die entgegenstehenden Bestimmungen des § 70 Ziff. 3 A.S.V.B. ausdrücklich für aufgehoben erklärt.

§ 6.

2. Kosten des Aufenthaltes.

2. Kosten des Aufenthaltes. Kosten, die durch den freiwilligen Aufenthalt wegen Kriegsgefahr unmittelbar verursacht sind, wie z. B. die Kosten der Umlagerung von Bord an Land, gehen nach § 101 A.S.V.B. nicht zu Lasten des Versicherers „nur für Seegefahr", treffen also ausschließlich den Kriegsversicherer. Dieser Grundsatz ist jedoch in der Praxis durch Freizeichnung in weitem Umfange außer Kraft gesetzt.[1])

Sieht man sonach von den besonderen Folgen des Eigenverderbs und der unmittelbar durch den Aufenthalt erwachsenen Kosten ab, so tritt im übrigen in der Fortdauer der Haftung des Versicherers durch den Aufenthalt des Schiffes im neutralen Hafen eine Veränderung grundsätzlich nicht ein.

V. Einfluß der Ereignisse während des Aufenthalts im italienischen bezw. portugiesischen Hafen.

V. Einfluß der Ereignisse während des Aufenthalts im italienischen bezw. portugiesischen Hafen. Dagegen kann doch das fernere Schicksal von Schiff und Ladung während dieses Aufenthaltes unter verschiedenen Gesichtspunkten Einfluß auf diese Haftung gewinnen. Es sollen daher im folgenden diejenigen Ereignisse kurz beleuchtet werden, von denen eine Einwirkung auf die Haftung des Versicherers erwartet werden könnte.

1. Kriegserklärung Italiens an Oesterreich. 1. Da ist zunächst die **Kriegserklärung Italiens an Österreich-Ungarn vom 23. Mai 1915.** Ihre versicherungsrechtliche Bedeutung liegt darin, daß von diesem Tage ab kein Zweifel an der Stellung Italiens als einer kriegführenden Macht mehr möglich ist.

2. Entfernung der deutschen Schiffsmannschaft. Ersetzung durch Marinekommando. 2. Der erste bedeutsame Eingriff seitens der Regierung geschah sowohl in Italien wie in Portugal durch die Entfernung der deutschen Schiffsmannschaft und ihre Ersetzung durch eine italienische bezw. portugiesische Bemannung. Sie ist ein Kriegsereignis, ein feindseliger Akt, für dessen Folgen als „zunächst durch Kriegsgefahr verursachte Schäden" nicht der Versicherer „nur für Seegefahr", sondern ausschließlich der Kriegsversicherer einzustehen hat. Wohl ist es denkbar, daß ein neutraler Staat zu derartigen Maßnahmen nicht in feindlicher Absicht, sondern aus anderen Gründen, etwa zum Schutz der Schiffsmannschaft oder von Schiff und Ladung vor ihnen drohenden Gefahren greift.

Dies trifft aber weder für Italien noch für Portugal zu. Die Entfernung der deutschen Schiffsmannschaft von den deutschen Dampfern durch die portugiesische Regierung bedeutet vielmehr den Auftakt zu den unter dem Drucke Englands nach wohlüberlegtem Plan gegen Deutschland eröffneten

[1]) s. die Hamburger Kriegsklausel — Anhang Nr. 21 — unter Ziffer 1.

Feindseligkeiten; die erste feindliche Handlung in der Kette der vielen folgenden. Alle als unmittelbare Folgen der Entfernung der deutschen Schiffsmannschaft durch Portugal an den versicherten Gütern etwa eintretenden Schäden würden daher als im Sinne des § 101 A.S.V.B. „zunächst durch Kriegsgefahr verursacht" ausschließlich zu Lasten des Kriegsversicherers gehen und den Seeversicherer nicht berühren. Ob freilich ein ursächlicher Zusammenhang zwischen einem an der Ware eingetretenen Schaden und der Entfernung der deutschen Schiffsmannschaft als der entscheidenden Schadensursache im konkreten Falle nachzuweisen sein wird, darf billig bezweifelt werden.

Was aber von der Entfernung der deutschen Schiffsmannschaft gesagt ist, gilt auch von ihrer Ersetzung durch ein italienisches bezw. portugiesisches Marinekommando. Rechtlich fällt auch sie unter den Begriff einer Verfügung von hoher Hand (§ 69 Ziffer 2) und bedeutet die Inbesitznahme des Schiffes durch die offiziell noch neutrale Regierung , den Übergang des Schiffes in ihren Gewahrsam, ihre tatsächliche Gewalt. Ein unmittelbar auf diesen Übergang der Ware aus deutscher in italienische oder portugiesische Obhut als entscheidende Ursache zurückzuführender Schaden würde den Versicherer „nur für Seegefahr" nicht berühren, vielmehr ausschließlich zu Lasten des Kriegsversicherers gehen.

3. Auf die Entfernung der Schiffsmannschaft der deutschen Schiffe folgte in Italien wie in Portugal die Requisition der Schiffe durch die Regierung. Sie verstößt gegen den Handels- und Schiffahrts-Vertrag zwischen Deutschland und Portugal vom 2. März 1872 (Reichsgesetzblatt S. 254ff.) insbesondere gegen dessen § 2, dessen Satz 2 ausdrücklich bestimmt: 3. Requisition der deutschen Schiffe.

> „eine Sequestration ihrer Besatzungen oder eine Beschlagnahme
> „ihrer Schiffe, Ladungen, Waren oder Effekten zu irgend welchem
> „öffentlichen Gebrauch soll nicht stattfinden ohne vorgängige
> „Bewilligung einer auf gerechten und billigen Grundlagen unter
> „den beteiligten Parteien festgesetzten Entschädigung.".

Dieser grobe Verstoß läßt den Kampfwillen, die feindliche Absicht klar erkennen und charakterisiert die Requisition der deutschen Schiffe durch die portugiesische Regierung ohne weiteres als feindseligen Akt, als Kriegsereignis.[1])

Für Italien, den damaligen Verbündeten Deutschlands gilt dies in noch weit höherem Maße. Auch wird an der Beurteilung der Requisition deutscher Schiffe durch Italien dadurch nichts geändert, daß die italienische Regierung

[1]) So mit überzeugender Begründung Landgericht Hamburg, Kammer XI für Handelssachen, vom 21. Juni 1917 in Sachen Continentale Reederei A.-G. gegen Norddeutsche Versicherungs-Gesellschaft Aktenzeichen: Nr. XI 20/1917.

durch besonders von ihr erlassene Dekrete für die Benutzung der Schiffe Entschädigungen festgesetzt hat, deren direkte monatliche Zahlung an die deutschen Schiffahrtsgesellschaften zunächst vorgesehen war. Ebensowenig dadurch, daß Italien bis heute zu einer Konfiskation weder der Schiffe[1]) noch der Güter aus denselben geschritten ist.

Wäre es aber selbst zu einer Konfiskation der Schiffe gekommen, so würde das die Haftung des Güterversicherers noch nicht berührt haben.

Anders in Portugal; dort wurden alle deutschen Schiffe in portugiesischen Gewässern, die sich für Kreuzerzwecke eigneten, Ende Februar 1916 konfisziert und dem Prisengericht unterstellt, die übrigen dagegen beschlagnahmt (requisitado). Zwar kann hier von Konfiskation durch eine kriegführende Macht im Sinne des § 101 A.S.V.B. nicht wohl die Rede sein, da derzeit Portugal wie auch Italien aus seiner Neutralität noch nicht herausgetreten war. Dennoch wird man bei der Konfiskation und Requisition der deutschen Schiffe, ebenso wie bei der Ersetzung der deutschen Schiffsmannschaft durch ein italienisches bezw. portugiesisches Marinekommando alle etwa unmittelbar daraus erwachsenen Schäden als im Sinne des § 101 A.S.V.B. „zunächst durch Kriegsgefahr verursacht" zu betrachten haben, da diesen Maßnahmen der italienischen bezw. portugiesischen Regierung der Charakter eines Kriegsereignisses nicht wohl abzusprechen ist. Auf die Haftung des **Güterversicherers** blieben aber Requisition und Konfiskation der deutschen Schiffe in Portugal ohne jeden Einfluß, da sie die Lage der bereits vorher aus deutschem in portugiesischen Gewahrsam übergegangenen deutschen Güter in keiner Weise berührten.

4. Verkauf der Güter aus deutschen Schiffen.

4. In einer Anzahl von Fällen gelang es den Beteiligten, Güter aus deutschen Schiffen in Italien und Portugal zum **Verkauf** zu bringen. Der Einfluß solchen Verkaufs auf die gegenseitigen Ansprüche aus dem Versicherungsvertrage läßt sich wie folgt zusammenfassen.

Der Verkauf im Sinne des käuflichen Überganges der Ware aus dem Eigentum des Versicherten in dasjenige des Käufers[2]) ist, von der alleinigen Ausnahme des § 69 Ziffer 5 A.S.V.B. — Verkauf der Güter zwecks Fortsetzung der Reise — abgesehen, keine Gefahr der Seeschiffahrt, geht daher zu Lasten weder des Kriegsversicherers noch des Versicherers „nur für Seegefahr".

Der Bestimmung des § 69 Ziffer 5 A.S.V.B., liegt auch nicht etwa ein allgemeines Prinzip zu Grunde, daß der Verkauf der Ware, gleichviel aus welchem Grunde und Gesichtspunkte heraus er erfolgt, als solcher an und

[1]) Vergl. Curti a.a.O. S. 90, 91.

[2]) Der **Kaufabschluß** im Sinne des zwischen Käufer und Verkäufer ein Schuldverhältnis schaffenden Vertrages ist in diesem Zusammenhange ohne jede Bedeutung.

für sich ein Schadensereignis sei, für das der Seeversicherer unter allen Umständen aufzukommen habe. Ganz im Gegenteil ist der Grund für die Aufnahme eines zum Zwecke der Fortsetzung der Reise unternommenen Verkaufs unter die vom Seeversicherer zu tragenden Gefahren ausschließlich in der besonderen Veranlassung des Verkaufs zu suchen. Diese Auffassung, daß es lediglich auf die Veranlassung des Verkaufs der versicherten Güter ankomme, ist denn auch für die Behandlung solchen Verkaufs in den Seeversicherungs-Bedingungen allein maßgebend und entscheidend. Hat also im konkreten Fall der Verkauf der versicherten Güter stattgefunden, so genügt nicht der bloße Nachweis des Verkaufs um den Versicherer auf Zahlung der vollen Versicherungssumme in Anspruch zu nehmen, vielmehr bleibt es Sache des Versicherten, darzutun, unter welchen näheren Umständen und aus welchem Grunde der Verkauf stattgefunden hat. Dann wird er sich die Prüfung gefallen lassen müssen, ob der nachgewiesene Sachverhalt den ganz bestimmten Tatbestand erfüllt, bei dessen Vorliegen eine Haftung des Versicherers für den durch den Verkauf entstandenen Schaden gegeben ist. Ein solcher ganz bestimmter Tatbestand ist, abgesehen von demjenigen des § 60 Ziffer 5 A.S.V.B. auch im Falle der §§ 134, 136 A.S.V.B. gegeben.[1]) Als Umfang des zu ersetzenden Schadens setzt aber § 136 nicht etwa die volle Versicherungssumme, sondern lediglich die Differenz zwischen Verkaufserlös und Versicherungswert fest. Der Verkauf der Güter wird sonach für sich allein genommen als ein den Anspruch auf Zahlung der vollen Versicherungssumme rechtfertigender Tatbestand nicht anerkannt.

Im Rahmen der vorliegenden Abhandlung sind überdies noch folgende Tatbestände scharf auseinanderzuhalten.

Der durch Vermittlung ausländischer z. B. schweizerischer Geschäftsfreunde auf Betreiben des Versicherten vorgenommene Verkauf und

der zwangsweise Verkauf durch die italienische oder portugiesische Regierung.

Im ersteren Falle kommt eine Haftung des Versicherers überhaupt nicht in Frage.

Im letzteren Falle aber ist die eigentliche Schadensursache, der wahre Grund des Verlustes des versicherten Gutes nicht in der Tatsache des Verkaufs, sondern in dem ihm vorausgehenden Akt der Aneignung, der Inbesitznahme durch die fremde Regierung zu erblicken. Und wenn daher überhaupt ein Anspruch auf Zahlung der vollen Versicherungssumme

[1]) Verkauf der versicherten Güter im Nothafen, weil das Schiff unfähig geworden ist, die Reise zu vollenden, oder auf Grund eines während der Reise eingetretenen Unfalls.

gegeben sein sollte, so gründet sich dieser auf den durch die Aneignung der Ware seitens der Regierung herbeigeführten Totalverlust.

In diesem Zusammenhange sei auch darauf hingewiesen, daß der dem § 101 A.S.V.B. entsprechende § 21 der Bremer Bedingungen ausdrücklich bestimmt, daß der Versicherer für den Schaden durch Verkauf der Güter wegen Kondemnation des Schiffes nicht haftet.

5. Entlöschung der deutschen Schiffe.

5. Erhebliche Bedeutung kommt sodann der **Entlöschung** der Güter aus deutschen Schiffen im neutralen Hafen zu. Sie gehört zu denjenigen Folgen des freiwilligen Aufenthalts wegen Kriegsgefahr, für deren Kosten und Gefahr gemäß § 101 A.S.V.B. der Versicherer nicht haftet, gleichgültig, ob die Entlöschung freiwillig oder auf Anordnung der Regierung erfolgte. Will der Versicherte die Forthaftung des Versicherers, so hat er diesem eine Zuschlagprämie (für sogenanntes „Aufenthaltsrisiko") zu zahlen. Das Nähere hierüber enthält der Zusatz zur Güterpolice des Vereins Hamburger Assecuradeure zu § 101 A.S.V.B.[1])

Der Kriegsversicherer dagegen haftet zufolge § 101 A.S.V.B. für alle Schäden, die während der Entlöschung eintreten und zwar einmal grundsätzlich aus dem allgemeinen Gesichtspunkte heraus, daß die Entlöschung sich als eine weitere Folge des wegen Kriegsgefahr freiwillig genommenen und daher zu Lasten des Kriegsversicherers gehenden Aufenthalts darstellt und sodann wenn und soweit die Entlöschung für sich allein betrachtet, den Charakter eines Kriegsereignisses trägt.

Für Italien wird man der Entlöschung diesen Charakter nicht beilegen können, da es den Italienern lediglich um die Schiffe zu tun war, und die Regierung nur deshalb die Entlöschung vornehmen mußte, weil die Reederei jede Mitwirkung verweigerte.[2])

Für Portugal bildet die Entlöschung keinen selbständigen auf die Güter gerichteten feindlichen Akt, denn auch der portugiesischen Regierung kam es zunächst nicht auf die Güter, sondern auf die Schiffe an. Und da ein brieflicher Verkehr mit Portugal ohnehin auch ohne dessen Zutun nahezu ganz unmöglich, mithin auf eine Mitwirkung der Beteiligten bei der Entlöschung nicht zu rechnen war, so handelte die Regierung nicht entgegen, sondern mit dem mutmaßlichen Willen der Beteiligten, wenn sie ihrerseits die Entlöschung durchführte und die gelöschten Waren zunächst in eigenen Verwahrsam nahm. Wie dem aber auch sei, von der grundsätzlichen Haftung für alle während der Entlöschung eintretenden Schäden befreit wiederum die Ziffer 2 der Kriegsklausel des Vereins Hamburger Assecuradeure[3]) den Versicherer dann, wenn die gedachten Schäden durch die Versicherung „nur

---

[1]) s. Anhang Nr. 19. Beispiel in H.G.Z. 1916 Nr. 143.

[2]) Vergl. oben S. 4. [3]) Anhang Nr. 21.

für Seegefahr" gedeckt sind oder gedeckt werden konnten. In letzterer Beziehung gewinnt der Zusatz zur Güterpolice zu § 101 A.S.V.B.[1]) besondere Bedeutung, der die Deckung dieser Gefahren gegen Zahlung eines Prämienzuschlages ausdrücklich ermöglicht.

6. Von noch größerer Tragweite als die Entlöschung der Ware ist ihre Lagerung, da sie schon mit Rücksicht auf ihre Dauer das größere Risiko in sich schließt. Auch hier ist es für die Haftung des Versicherers unerheblich, ob die Einlagerung freiwillig oder auf Anordnung der Regierung erfolgte: unerheblich aber auch, ob die Ware in Staats- oder Privatlager eingelagert wurde. Nur zweierlei wird gefordert: 6. Einlagerung der Ware.

1. Es muß ein freiwilliger Aufenthalt wegen Kriegsgefahr vorliegen,
2. Dieser Aufenthalt muß die Einlagerung der versicherten Güter mit sich gebracht haben.

Trifft beides zusammen, so haftet der Versicherer „nur für Seegefahr" gemäß § 101 nicht für die durch die Lagerung verursachten Kosten und trägt überhaupt nicht das mit der Lagerung verbundene Risiko.[2])

Dank dem erwähnten Zusatz zur Güterpolice zu § 101 steht es indessen auch hier dem Versicherten frei, sich durch Zahlung einer Zuschlagsprämie die Forthaftung des Versicherers zu sichern.

Der Kriegsversicherer ist durch die Hamburger Kriegsklausel[3]) von seiner Haftung für die Folgen der Entlöschung befreit, so daß es auch einer Entscheidung der Frage nicht bedarf, ob die Übernahme der Ware in staatliche Lager namentlich in Portugal selbständig als ein Ereignis zu werten ist, dessen etwaige schädliche Folgen als „zunächst durch Kriegsgefahr verursacht", mithin als Kriegsschäden gelten müßten. Der Ausschluß der Haftung für Kosten und Gefahren der Lagerung hat besonders für Italien größte praktische Bedeutung, wo die Unzulänglichkeit der Lagerverhältnisse[4]) erhebliche Schäden im Gefolge gehabt hat.

7. Von den weiteren Ereignissen interessiert für die Frage der Haftung des Versicherers vor allem die Requisition der Güter aus deutschen Schiffen. Sie erfolgte in Italien nur bezüglich solcher Waren, die sich für den Heeresbedarf eigneten und auch da nicht auf Grund einer generellen, die Requisition aller derartigen Waren aussprechenden regierungsseitigen Verfügung, sondern von Fall zu Fall durch die jeweils in Frage kommenden italienischen Behörden. Für die requirierten Waren wurden von der Regierung Entschädigungen festgesetzt und zum Teil auch bezahlt. Versicherungsrechtlich bedeutet die Requisition der Ware zunächst deren Totalverlust. Die 7. Requisition der Güter.

[1]) Anhang Nr. 19.
[2]) z. B. der Feuersgefahr § 69 A.S.V.B.
[3]) Anhang Nr. 21.
[4]) Vergl. hierüber oben S. 4.

Frage dagegen, ob der Versicherer „nur für Seegefahr" oder der Kriegsversicherer haftet, wird wie folgt zu beantworten sein:

Seit dem 23. Mai 1915 der Kriegserklärung Italiens an Österreich-Ungarn, war Italien „kriegführende Macht". Der Versicherte, dessen Ware requiriert wurde, war sonach seines Eigentums durch eine kriegführende Macht beraubt. Die Requisition geschah zu Zwecken der Kriegsführung auch wenn die Ware nur bestimmt war, die durch den Krieg gesteigerten Bedürfnisse der Nation zu decken. Man wird daher diesen Fall der Requisition, was die Frage der Kriegsgefahr anlangt, nicht anders zu beurteilen haben als denjenigen der Konfiskation durch kriegführende Mächte (§ 101 A.S.V.B.). Die Requisition ist sonach ein zunächst durch Kriegsgefahr verursachter Schaden im Sinne des § 101 A.S.V.B., für den der Kriegsversicherer, nicht aber der Versicherer „nur für Seegefahr" haftet. Bei dieser Sachlage kann auch die Frage dahingestellt bleiben, ob, wenn die Requisition kein Kriegsschaden wäre, der Versicherer „nur für Seegefahr" ungeachtet der Requisition um deswillen forthaften würde, weil seine Haftung gemäß § 101 A.S.V.B. erst mit der Kondemnation endet, solche aber nicht erfolgt ist.

Nicht anders wie in Italien ist die Requisition in ihrer Bedeutung für die Haftung des Versicherers „nur für Seegefahr" sowie des Kriegsversicherers auch in Portugal einzuschätzen.

8. Kriegserklärung Deutschlands an Portugal.

8. Die Kriegserklärung Deutschlands an Portugal vom 9. März 1916 stellt den Charakter Portugals als einer kriegführenden Macht außer Zweifel ist aber versicherungsrechtlich von nur geringer Bedeutung, da die wesentlichsten „Kriegsereignisse" ihr zeitlich bereits vorausgegangen waren.

9. Portugiesisches Dekret vom 22. April 1916.

9. Dagegen bedarf in Portugal ein Ereignis wegen seines eigenartigen Charakters einer besonderen Prüfung seiner Tragweite für den Versicherungsvertrag. Es ist dies die durch Dekret vom 21. April 1916[1]) für alle an Bord deutscher Dampfer befindlichen Waren getroffene Verfügung, daß sie deponiert, und ohne Entschädigung nach Bendigung des Krieges wieder ausgehändigt werden sollten. Dieses Dekret trägt, da Deutschland und Portugal sich bereits seit dem 9. März 1916 im Kriegszustand befanden, ohne allen Zweifel den Charakter eines Kriegsereignisses. Es würden daher, soweit ihm die Bedeutung einer selbständigen Schadensursache beizumessen ist, alle auf sie als unmittelbare Ursache zurückzuführenden Schäden als „zunächst durch Kriegsgefahr verursacht", mithin als Kriegsschäden zu betrachten sein. Für solche Schäden würde also nicht der Versicherer „nur für Seegefahr" haften, sondern ausschließlich der Kriegsversicherer. Dagegen vermöchte ein solcher Schaden niemals

[1]) Anhang Nr. 18.

die Beseitigung der Haftung des Versicherers „nur für Seegefahr" herbeizuführen. Denn wenn auch der Versicherer „nur für Seegefahr" für den einzelnen Schaden, soweit er eine Folge des Dekrets ist, nicht haftet, so bleibt doch seine Haftung im Sinne seiner Verpflichtung, jeden unter seine Police fallenden Schaden zu decken, auch weiterhin bestehen und zwar bis zur Kondemnation der versicherten Sache. Eine solche ist aber in dem Dekret, das im Gegenteil die Wiederauslieferung nach Kriegsende zusagt, niemals enthalten. In Portugal bleibt daher die Haftung auch des Versicherers „nur für Seegefahr" in vollem Umfange bestehen, sofern sich der Versicherte ihren Fortbestand durch Zahlung der Aufenthaltsprämie gesichert hat.

10. Die Kriegserklärung Italiens an Deutschland vom 27. August 1916 hat zunächst die Wirkung, daß von diesem Tage an der Charakter Italiens als einer mit Deutschland kriegführenden Macht feststeht, ein Umstand, der, wie oben dargelegt, für die Frage, ob See- oder Kriegsversicherer haftet, gemäß § 101 A.S.V.B. von Einfluß werden kann. Im übrigen änderte sie nur wenig an der bereits durch die Dekrete vom 18. Juli und 8. August geschaffenen Lage der deutschen Privatrechte in Italien.[1]) 10. Kriegserklärung Italiens an Deutschland.

Aus dem Vorstehenden ergibt sich, daß zwar eine Reihe von Ereignissen eingetreten sind, für deren Folgen jedesmal der Versicherer „nur für Seegefahr" nicht zu haften hatte, daß aber im übrigen überall da, wo die Ereignisse bis zu einer Kondemnation der versicherten Sache noch nicht gediehen sind, gemäß § 101 Absatz 1 Satz 1 A.S.V.B. auch der Versicherer „nur für Seegefahr" unvermindert forthaftet. Zusammenfassung.

In Portugal wie in Italien wird daher zu unterscheiden sein zwischen dem Schicksal der requirierten und demjenigen der nicht requirierten Güter. Für requirierte Güter haftet in Italien wie in Portugal nur der Kriegsversicherer. Für nicht requirierte Güter haftet in Italien wie in Portugal

---

[1]) So mit Recht Curti S 109. Dagegen meint Curti auf S. 111, daß die Behandlung der deutschen Interessen, die sich aus der Requisition von Dampfern und Waren ergeben, durch die Kriegserklärung in ein anderes Stadium getreten sei und verweist dafür auf eine Mitteilung der schweizerischen Gesandtschaft in Rom von Mitte September 1916, in der es heißt:

> „Gesuche um Verlängerung des Termins für die Zurückziehung von Waren „aus requirierten Dampfern, der am 7. September ablief, wurden rechtzeitig „eingereicht, sind aber bis heute ohne Antwort geblieben."

Diese Ansicht Curti's ist durch die Ereignisse widerlegt, denn wie aus zwei Rundschreiben der Hamburg-Amerika Linie vom 2. und 16. Oktober 1916 hervorgeht, hat das italienische Ministerium des Aeußeren in einer Note an die schweizerische Gesandtschaft in Rom erklärt, die Verordnung vom 21. April 1916 werde auch fernerhin auf die aus requirierten deutschen Schiffen stammenden Waren angewendet.

§ 6.

der Versicherer „nur für Seegefahr" unvermindert fort, wenn, wie dies die Regel sein wird

1. dank besonderer abweichender Vereinbarungen ein Erlöschen der Haftung nach § 60 A.S.V.B. nicht eingetreten ist,
2. die Fortdauer der Haftung durch Zahlung von Zuschlagsprämien für Aufenthaltsrisiko im Sinne des § 101 A.S.V.B. und des Zusatzes dazu sichergestellt ist.

Der Fortbestand der Kriegsversicherung wird durch die Ereignisse weder in Italien noch in Portugal in Frage gestellt. Bezüglich des Umfanges der Haftung des Kriegsversicherers bleibt zunächst zu beachten, daß die Kriegsklausel nicht eine Umwandlung der Versicherung „nur für Seegefahr" in eine Versicherung gegen alle Gefahr (§ 69 A.S.V.B.), sondern lediglich die Übernahme der im § 101 A.S.V.B. ausdrücklich ausgeschlossenen Gefahren bewirkt und auch von diesen Gefahren einige — Eigenverderb, Kosten des Aufenthalts, Kosten der Lagerung usw. — ausdrücklich ausschließt.

Treffen, wie dies praktisch am häufigsten der Fall sein wird, Versicherung „nur für Seegefahr" und Kriegsversicherung zusammen, so ergibt sich:

1. daß die Haftung des Versicherers durch keines der in Italien und Portugal eingetretenen Ereignisse zum Erlöschen gebracht ist,
2. daß eine Haftung für Verderb oder Verminderung niemals und insbesondere auch nicht gegen Zahlung eines Prämienzuschlages Platz greift,
3. daß der Versicherer für die Schäden, die während der Ausladung und Lagerung der Güter eintreten, nur dann haftet, wenn der gemäß Zusatz zur Güterpolice zu § 101 A.S.V.B. zu entrichtende Prämienzuschlag bezahlt ist.

2. Teil.

Die Inanspruchnahme des Güterversicherers auf Grund der Ereignisse in Italien und Portugal.

Erster Abschnitt.

Nachdem im 1. Teil die Haftung des Versicherers unter allgemeinen Gesichtspunkten dargelegt worden ist, soll nunmehr in die Prüfung der Frage eingetreten werden, ob und evtl. welche Ansprüche auf Grund der Lage in Italien und Portugal gegen den Versicherer erhoben werden können. Hierbei wird aus Gründen der Übersichtlichkeit zu unterscheiden sein zwischen den Fällen, wo die in Italien oder Portugal lagernde Ware irgendwelchen Schaden nicht gelitten hat und denjenigen Fällen, wo der Ware tatsächlich ein Schaden zugestoßen ist. Diese Unterscheidung erscheint geboten ungeachtet des Umstandes, daß in zahlreichen Fällen, namentlich in Portugal, der Versicherte auch noch zur Zeit seines Herantretens an den Versicherer ohne Nachricht von dem Schicksal der Ware sein wird. Denn das Fehlen von Nachrichten schließt an und für sich weder den Eintritt eines Schadens, noch die Möglichkeit für den Versicherten aus, den eingetretenen Schaden zu beweisen.[1]) § 7.

A. Die Ware hat Schaden gelitten.

A. Die Ware hat Schaden gelitten.

Wo die Ware tatsächlich Schaden gelitten hat, wird unter der Voraussetzung, daß durch Zahlung von Aufenthaltsprämien der Fortbestand der Versicherung sichergestellt worden ist, der Versicherte je nachdem der Schaden in einem zu Lasten des See- oder Kriegsversicherers gehenden Ereignis seine Ursache hat, der See- oder Kriegsversicherer Ersatz zu leisten haben. Sodann ist aber wiederum der Fall des Teilschadens von demjenigen des Totalverlustes zu unterscheiden.

I. Teilschaden.

I. Teilschaden.

Zu den Fällen des erlittenen Teilschadens wird auch der Fall zu zählen sein, wo Nachrichten über die Ware zwar nicht vorliegen, dagegen mit Be-

[1]) Vgl. § 6 IV. 1).

stimmtheit festzustellen ist, daß die Ware infolge Eigenverderbs sei es bereits zur Zeit des Eingreifens der italienischen oder portugiesischen Regierung oder aber während des Aufenthalts im Nothafen zu einem bestimmten Prozentsatz verdorben sein muß.[1]) Für solche Schäden haftet der Versicherer nicht.

II. Totalverlust.

II. Totalverlust.

Totalverlust wird dagegen sowohl in Italien wie in Portugal gegeben sein, wenn die Ware requiriert ist. In dieser Beziehung unterscheidet sich die Requisition des Schiffes wesentlich von derjenigen der Ware. Die Requisition des Schiffes braucht den Eigentumsverlust nicht notwendig nach sich zu ziehen, kann vielmehr unter Umständen lediglich die Folge haben, daß dem Versicherten das Schiff auf unbestimmte Zeit, keineswegs aber ohne Aussicht auf Wiedererlangung — wie es der Totalverlust voraussetzt — entzogen wird. Die requirierte Ware dagegen wird ausnahmslos dem Versicherten endgültig entzogen sein, da die Requisition eben den Verbrauch der Ware bezweckt.

Auch für Totalverlust wird daher der Versicherer, je nachdem er das Kriegsrisiko übernommen hat oder nicht, einzustehen haben.

B. Die Ware hat keinen Schaden gelitten.

B. Die Ware hat keinen Schaden gelitten.

Die Schwierigkeiten der rechtlichen Beurteilung entstehen erst, wenn, wie dies bezüglich der Güter in italienischen und portugiesischen Häfen die Regel bildet, der Versicherte den Versicherer in Anspruch nimmt, obwohl irgendein Schaden der Ware nicht zugestoßen ist, insbesondere also weder Requisition noch Versteigerung durch die Regierung oder dergleichen stattgefunden hat.

§ 8.
I. Gegenüberstellung der Lage vor und nach dem Eingreifen der Regierung.

I. Gegenüberstellung der Lage vor und nach dem Eingreifen der Regierung.

Hier ist es zum richtigen Verständnis und zur Gewinnung eines gerechten Urteils unerläßlich, durch einen Vergleich der Lage vor und nach dem Eingreifen der italienischen bezw. portugiesischen Regierung sich zunächst zu vergegenwärtigen, nach welchen Richtungen hin rein praktisch genommen durch das Eingreifen der Regierung die Lage eine Veränderung erlitten hat. Die Gegenüberstellung der Lage vor und nach dem Eingreifen der Regierung wird von selbst diejenigen Momente hervortreten lassen, die, weil praktisch bedeutungsvoll, rechtlich Beachtung verdienen.

[1]) Vgl. § 6 IV. 1.)

§ 8.

1. Dabei wird zweckmäßig zunächst die Lage des versicherten Ladungsbeteiligten im Hinblick auf die Ware einer Prüfung zu unterziehen sein.

1. Die Lage bis zum Eingreifen der Regierung.

a) Lage der Ware.

a) Die Ware lagert von Anbeginn an auf deutschem Dampfer in ursprünglich neutralem Hafen unter der Obhut einer deutschen Schiffsmannschaft. Sie ist dabei allen Gefahren ausgesetzt, die eine jede längere Lagerung mit sich bringt, insbesondere der Gefahr des Eigenverderbs, die bewirkt haben konnte, daß die Ware zur Zeit des Eingreifens der Regierung bezw. der Geltendmachung des Anspruches aus dem Versicherungsvertrage bereits völlig oder zum Teil verloren war. Ein Anspruch gegen den Versicherer war alsdann ausgeschlossen.

b) Lage des Versicherten.

b) Sehr viel lehrreicher noch ist ein Blick auf die Lage des Versicherten in der Zeit bis zum Eingreifen der italienischen bezw. portugiesischen Regierung.

Durch den Ausbruch des Weltkrieges spätestens also mit Englands Kriegserklärung, war für die Ware jede Möglichkeit abgeschnitten, die versicherte Reise an Bord des deutschen Dampfers fortzusetzen.[1]) Damit war zweifellos, jedenfalls vom Standpunkte des Kaufmannes aus, das versicherte Unternehmen entweder gänzlich vereitelt oder aber seine Fortführung auf unbestimmte Zeit in Frage gestellt. Die durch den Weltkrieg heraufbeschworene Kriegsgefahr, die bestimmte Aussicht für die deutsche Ware, im Falle der Fortsetzung der Reise in Feindeshand zu fallen, ist und bleibt der einzige und entscheidende Grund für den Verbleib im angelaufenen Nothafen und für die Unmöglichkeit auf Seiten des Versicherten, über seine Ware im Sinne einer Fortsetzung des Transportes an den Bestimmungsort zu verfügen.

Wenn also der Kaufmann nicht nur um den erhofften Gewinn gebracht wird, sondern auch dadurch schweren Schaden erleidet, daß entweder die gekaufte Ware oder der Kaufpreis ausbleibt und damit erhebliche Kapitalien auf unbestimmte Zeit seinem Betriebe entzogen werden, so sind das unmittelbare Folgen der durch den seit August 1914 insbesondere England gegenüber bestehenden Kriegszustand heraufbeschworenen „Kriegsgefahr". Das Interesse des Kaufmannes daran, daß die Ware ihren Bestimmungsort erreicht, ist nun ein so überragendes, daß das weitere Schicksal der Ware, sofern ein Weitertransport nicht möglich ist, weit dahinter zurücktritt, für den Versicherten jedenfalls nur untergeordnete Bedeutung

---

[1]) Etwaige Möglichkeiten, die deutsche Ware unter Aufhebung ihres deutschen Charakters an den Bestimmungsort weiterzuleiten, müssen im Rahmen dieser Abhandlung unerörtert bleiben. Für die rechtliche Beurteilung auch solcher Möglichkeiten bietet im übrigen die vorliegende Abhandlung alle erforderlichen Anhaltspunkte.

hat. Ihm bleiben für seine Bemühungen um die Ware nur folgende Wege offen Er kann versuchen, entweder den Transport der Ware auf anderem Wege an den Bestimmungsort oder aber, den Rücktransport durchzusetzen. Er kann ferner den Versuch einer Realisierung der Ware an Ort und Stelle unternehmen oder endlich sich entschließen, das Ende des Krieges abzuwarten. Im letzteren Falle wird er lediglich um zweckentsprechende Lagerung und — durch Zahlung der Aufenthaltsprämien — um die Fortdauer der Haftung des Versicherers bemüht sein können. Ob und inwieweit nach der einen oder anderen Richtung hin unternommene Schritte Erfolg versprachen, läßt sich bei der Mannigfaltigkeit der Umstände des einzelnen Falles nicht allgemein, sondern nur von Fall zu Fall beantworten. Nur soviel steht fest, daß bereits vor dem Eingreifen der Regierung sowohl in Portugal wie in Italien jegliche Verfügung über die Ware an Bord deutscher Schiffe im neutralen Hafen durch den Ausbruch des Krieges im August 1914 und seine weitere Entwicklung erheblich erschwert war. Dies insbesondere durch die Beschränkungen, die Englands Seeherrschaft dem gesamten Weltverkehr auferlegte und die zu bekannt sind, als daß sie hier des näheren auseinandergesetzt zu werden brauchten. Hierhin gehört, abgesehen von den Zahlungsverboten, ganz besonders die Postzensur, die jede Verfügung über die zur Geltendmachung der Rechte an der Ware erforderlichen Dokumente auf das äußerste erschwerte, ferner die von sämtlichen mit Deutschland im Kriege befindlichen Mächten ausgeübte Kontrolle über alle Warentransporte. Diese Erschwerungen führten für den Versicherten bereits häufig praktisch zur völligen Unmöglichkeit, im gewünschten Sinne über die Ware zu bestimmen.

2. Einwirkung auf die Lage durch das Eingreifen der Regierung. a) Auf die Ware.

2. Welchen Einfluß haben nun auf die so geschilderte Lage die Regierungsmaßnahmen in Portugal und Italien ausgeübt?

a) Nach drei Richtungen hin ist eine Einwirkung auf die Ware festzustellen. Ihre Lage hat sich dadurch geändert, daß sie aus der Obhut der deutschen Schiffsmannschaft in diejenige des italienischen bezw. portugiesischen Marinekommandos übergegangen ist. Ferner haben sich durch die Entlöschung die Lagerverhältnisse verändert (Umlagerung von Bord an Land) und schließlich sind durch die Umlagerung bestimmte Gefahren für die Ware nähergerückt, insbesondere diejenige der Requisition. Praktisch also, und dies ist für die rechtliche Beurteilung von ganz besonderer Bedeutung, haben sich für die versicherte Ware durch das Eingreifen der Regierung neue Gefahrmomente nur nach drei Richtungen hin eingestellt, nämlich:

1. durch den Hinzutritt der Gefahr der Umlagerung,
2. durch den möglicherweise gefahrerhöhenden Umstand, daß die Ware

nicht mehr der Aufsicht einer deutschen Schiffsmannschaft unterstellt, sondern in die Obhut ausländischer Regierungsbeamter — oder, wie in Italien, Privatlagerhalter — übergegangen ist,

3. durch die nähergerückte Möglichkeit einer Requisition.

Was den ersteren Punkt anlangt, so unterscheidet sich die Umlagerung wie sie in Italien und Portugal erfolgt ist, in Beziehung auf die damit verbundene Gefahrerhöhung in keinem wesentlichen Punkte von jeder Umlagerung, wie sie auch in Friedenszeiten wiederholt notwendig wird und dann zur Folge hat, daß der Versicherer je nach Inhalt des Versicherungsvertrages die erhöhte Gefahr entweder ohne weiteres oder nur gegen erhöhte Prämie oder garnicht übernimmt.

Nicht anders steht es mit der Bedeutung des zweiten Gesichtspunktes, des Wechsels in der Ausübung des tatsächlichen Besitzes und damit zugleich in der Aufsicht über die Ware. Auch hier ist die Veränderung, die namentlich in der verminderten Kontrolle zum Ausdruck kommt, keineswegs eine so einschneidende, wie sie bei oberflächlicher Betrachtung scheinen möchte. Schon in Friedenszeiten wird man seine Ware lieber in deutschen wie in portugiesischen Händen wissen und dennoch wird es niemandem einfallen, die gegenseitigen Ansprüche aus dem Versicherungsvertrage von der jeweiligen Nationalität des Lagerhalters abhängig zu machen. Dafür ist im Welthandelsverkehr, der die Ware bald in diese, bald in jene Hände, bald an Orte führt, an denen kein Deutscher wohnt, kein Raum.

Es kann sich also nur darum handeln, ob der Nationalität des Lagerhalters dann entscheidender Einfluß beizumessen ist, wenn es sich um eine Nation handelt, die sich mit dem Lande, dem die Ware angehört, im Kriege befindet, vorliegend also mit Deutschland. Damit würde man die Tatsache des Lagerns der Ware in Feindesland als ein selbständiges, die Gefahr erhöhendes Moment im Verhältnis des Versicherten zum Versicherer anerkennen, d.h. ihm eine Bedeutung beimessen, die dem Versicherungsverkehr bisher völlig fremd war. Es schien zweckmäßig, dies schon jetzt besonders hervorzuheben, da gerade die nach dieser Richtung hin angestellten Erwägungen zu einer abwegigen Beurteilung der Rechtlage verleiten.

Anspruch auf besondere Berücksichtigung kann nach alledem nur der dritte Gesichtspunkt, der durch das Eingreifen der Regierung nähergerückten Möglichkeit einer Requisition der Ware erheben. Zu beachten bleibt aber, daß die gesetzliche Grundlage für die Requisition deutscher Waren, wenigstens in Portugal nicht erst durch das Dekret vom 21. April 1916[1]) geschaffen ist, sondern, wie sich aus eben diesem Dekret ergibt, in Gestalt früherer Dekrete vorhanden war, so daß mit dem Dekret vom 21. April

[1]) Anhang Nr. 18.

1916 eine Veränderung der Lage nur insofern eintrat, als fortan mit einer häufigeren Anwendung der Requisition gerechnet werden mußte.

b) Einfluß der Regierungsmaßnahmen auf die Lage des Versicherten im Hinblick auf die Ware. Italien.

b) Auf die Möglichkeit für den Versicherten, in dem einen oder anderen Sinne über die Ware zu verfügen, äußert sich der Einfluß der Regierungsmaßnahmen entsprechend dem verschiedenen Verlauf der Ereignisse in Italien und Portugal in verschiedener Weise.

1. In Italien wurde die Ware durch die Unterbringung in Zollmagazinen der Kontrolle des Versicherten entzogen, nicht aber jeder Einwirkung desselben, wie das Beispiel Neapels beweist, wo es dem Versicherten unbenommen blieb, die Überführung der Ware in ein Privatmagazin herbeizuführen.

2. Die bis dahin bereits schwierige Rücksendung der Ware nach Deutschland wurde von nun ab gänzlich vereitelt. Die Rücksendung von Waren deutschen Ursprungs nach Deutschland suchte die italienische Regierung von dem Augenblicke an, wo sie sich mit den aus deutschen Schiffen entlöschten Waren beschäftigen mußte, zu verhindern. Sie bot unter dem wachsenden Einfluß Englands alles auf, um solche Rücksendung unmöglich zu machen und erreichte durch ihre Maßnahmen auch tatsächlich, daß es dem deutschen Kaufmann praktisch unmöglich wurde, seine Ware aus Italien herauszubekommen. Unter den Maßnahmen, deren sich die Regierung zu diesem Zwecke bediente, nimmt das Verbot der Ein-, Aus- und Durchfuhr von Waren deutschen Ursprungs, sowie das Verbot von Rechtsgeschäften vom 18. Juli 1916 eine hervorragende Stellung ein. Die Bedeutung dieser gesetzgeberischen Maßnahmen vom Standpunkt des Versicherten aus liegt eben darin, daß sie in erheblichem Maße geeignet waren, den Versicherten in die Unmöglichkeit zu versetzen, die Ware aus Italien herauszubekommen.

3. Eine dritte Einwirkung des veränderten Verhaltens der italienischen Regierung auf die Lage des Versicherten äußerte sich in der weiteren Erschwerung des Verkaufs der Ware in Italien. Ein solcher war ursprünglich den Interessenten möglich und ist auch, wie Beispiele aus der Praxis zeigen, mehrfach, zum Teil sogar mit Nutzen, erfolgt. Eine Erschwerung des Verkaufs trat auch lediglich in rechtlicher Beziehung und insofern ein, als die zu beobachtenden Formalitäten eine Verschärfung erfuhren (Erfordernis neutraler Papiere). Praktisch ist der Verkauf in Italien bis heute möglich geblieben.

4. Endlich erfuhr die Lage des Versicherten insofern eine zeitweise Verschlechterung, als die Herausgabe der Güter vorübergehend von der Hinterlegung ihres vollen Wertes abhängig gemacht wurde.[1])

[1]) s. oben S. 6 und 7.

In Portugal war der Einfluß der Regierungsmaßnahmen für den Versicherten ein noch weitgehenderer als in Italien. Hier hat die Regierung die Ware in eigenen Gewahrsam genommen und die Herausgabe vor Kriegsende verweigert, nicht weil vor der Hand die Beteiligten selbst zu einer Verfügung nicht in der Lage gewesen wären, sondern weil die Ware bis nach Kriegsende verwahrt und erst dann dem Berechtigten wieder ausgeliefert werden sollte. Dem Versicherten ist damit das Recht genommen, den Aufenthalt der Ware zu bestimmen und mit ihr nach freiem Willen zu verfahren. Ein Verfügen über die Ware in tatsächlicher Beziehung ist daher, sofern sie bis dahin überhaupt noch möglich war, ausgeschlossen. Portugal.

Die vorstehende Gegenüberstellung ergibt sonach, daß in den Fällen wo die Ware Schaden nicht gelitten hat, die Lage nach dem Eingreifen der Regierung, also zur Zeit der Inanspruchnahme des Versicherers, nur in verhältnismäßig unwesentlichen Punkten eine Veränderung gegenüber der früheren Lage erfahren hat. Unwesentlich sind die Veränderungen insofern, als sie gegenüber dem einschneidendsten Umstande, nämlich der seit August 1914 bestehenden Unmöglichkeit der Fortsetzung des versicherten Transports vom Standpunkte des Kaufmannes aus eine nur untergeordnete Bedeutung haben.[1]) Ergebnis der Gegenüberstellung.

II. Die Inanspruchnahme des Versicherers, ohne daß die Ware Schaden gelitten hat.

II. Die Inanspruchnahme des Versicherers, ohne daß die Ware Schaden gelitten hat.

Ist nun unter den vorstehenden Umständen mangels jeglichen Schadens an der Ware und angesichts der nur unwesentlichen Veränderungen gegenüber der früheren Lage dennoch Raum für eine Inanspruchnahme des Versicherers? In der Tat kennt das Versicherungsrecht die Möglichkeit, von dem Versicherer Zahlung zu fordern, auch ohne daß ein Schaden eingetreten ist. Es sind dies einige wenige Fälle, in denen der Versicherer zur Zahlung der vollen Versicherungssumme verbunden ist, ohne daß der Ware etwas zustieß.

Um also den Versicherer in Anspruch zu nehmen können, müßte dem Versicherten deutscher Güter in italienischen oder portugiesischen Häfen ein Anspruch auf Zahlung der vollen Versicherungssumme gegeben sein. Einen solchen gewährt das deutsche Seeversicherungsrecht nur unter zwei Gesichtspunkten und zwar: § 9. 1. Anspruch auf Zahlung der vollen Versicherungssumme?

[1]) Sofern in der Zeit vor dem Eingreifen der italienischen oder portugiesischen Regierung im einzelnen Falle noch Möglichkeiten bestanden haben sollten, die deutsche Ware unter Preisgabe ihres deutschen Charakters an den Bestimmungsort weiterzuleiten — vergl. Anmerkung 1 zu § 8, I, 1, b) — wurde daran auch durch das Eingreifen der Regierungen nichts geändert, da sich der Handelskrieg der Alliierten immer nur gegen deutsches Eigentum richtete.

a) entweder weil die Güter zu Grunde gegangen oder dem Versicherten ohne Aussicht auf Wiedererlangung entzogen sind oder

b) weil die Wahrscheinlichkeit, daß eines von beiden eintreten könnte, einen so hohen Grad erreicht hat, daß der endliche Eintritt unvermeidlich und es daher geboten erscheint, die gegenseitigen Verpflichtungen aus dem Versicherungsvertrage so zu normieren, als ob der Fall unter a) bereits eingetreten wäre.

Trifft der Gesichtspunkt zu a) zu, so liegt Totalverlust im Sinne des § 109 A.S.V.B. vor, und der Versicherte hat stets Anspruch auf Zahlung der vollen Versicherungssumme.

Liegt dagegen der Fall b) vor, so kann Zahlung der vollen Versicherungssumme keineswegs überall, vielmehr nur dann gefordert werden, wenn der erreichte hohe Grad der Wahrscheinlichkeit des Eintritts eines Totalverlustes, seine augenscheinliche Unabwendbarkeit, auf einzelne besonders genannte und festumgrenzte Umstände zurückzuführen ist, z. B. Nichteintreffen der Ware am Bestimmungsort, verbunden mit Ausbleiben jeder Nachricht innerhalb eines bestimmten Zeitraumes, oder Aufbringung durch eine kriegführende Macht, verbunden mit Nichtfreigabe binnen bestimmter Frist. Dieser zuerst im ausländischen Seeversicherungsrecht weitgehend zur Geltung gelangte Gedanke ist auch im deutschen Seeversicherungsrecht berücksichtigt und in besondere Rechtsformen gekleidet worden. Seine praktische Verwertung im Rechtsleben würde auch besondere Schwierigkeiten nicht bereiten, wenn man sich in Deutschland nicht durch die Gemeinsamkeit des ursprünglichen Gedankens zu Schlußfolgerungen aus dem vom deutschen Recht völlig abweichenden fremdrechtlichen Gewand auf Sinn und Tragweite der in Deutschland gewählten Rechtsnormen hätte verleiten lassen, mit anderen Worten: ausländisches Recht zur Auslegung deutschen Rechts herangezogen hätte.[1])

Denn, so klar die aus den Bestimmungen des § 109 A,S.V.B. sich ergebende Rechtslage ist, so groß sind die Unklarheiten, die durch die Verwendung des dem deutschen Versicherungsrecht fremden Rechtsbegriffs, des sogenannten konstruktiven Totalverlustes, in die rechtliche Beurteilung hineingetragen worden sind. Im Gegensatz zu dem Tatbestand des § 854 H.G.B. = § 109 A.S.V.B., den man zu diesem Zwecke als wirklichen Totalverlust bezeichnet, werden insbesondere unter dem Begriff des konstruktiven Totalverlustes diejenigen Fälle zusammengefaßt, in denen ein Totalverlust unvermeidlich erscheint oder aber die Vermeidung desselben mit Kosten verbunden sein würde, die den Wert des versicherten

„Konstruktiver Totalverlust"

[1]) Auf das Bedenkliche dieses Verfahrens hat bereits Voigt im Neuen Archiv für Handelsrecht Band 3 Hamburg 1862 S. 426 ausdrücklich hingewiesen.

Gegenstandes überschreiten würden. Dieser Begriff des konstruktiven Totalverlustes entstammt dem englischen Recht, das ihn unter Festhaltung an einer durch Jahrhunderte hindurch beobachteten Praxis zu einem selbstständigen Rechtsinstitut ausgebaut und ihm neuerdings in seinem Gesetz Eingang verschafft hat. Dies ist in der Weise geschehen, daß man den Tatbestand des sogenannten konstruktiven Totalverlustes den Bestimmungen über Totalverlust unterstellt und damit klar zum Ausdruck gebracht hat, daß man auf diesen Tatbestand die Rechtsgrundsätze des Totalverlustes angewendet wissen wolle.[1]) Das deutsche Versicherungsrecht kennt dagegen nur den wirklichen Totalverlust. Nur seinen Tatbestand unterstellt es den für den Totalverlust geltenden Grundsätzen. Ein Tatbestand, der die Voraussetzungen des § 854 H.G.B. nicht erfüllt, kann daher niemals den Bestimmungen dieses Paragraphen unterstellt werden, insbesondere auch nicht mit der Begründung, daß er eine besondere Art des Totalverlustes darstelle. Das deutsche Recht, und zwar sowohl das Vertrags- wie das Gesetzes-Recht kennt keine allgemeinen Grundsätze, die auf „Fälle des konstruktiven Totalverlustes" gleichmäßig und ebenso anwendbar wären, wie auf den Fall des wirklichen Totalverlustes. In der Zeit als England der Versicherungsmarkt nicht nur für Deutschland, sondern auch für die ganze Welt war, hatte sich das Bedürfnis geltend gemacht, einige praktische Ergebnisse für die Behandlung gewisser Versicherungsfälle, zu denen man in England mit Hülfe des Instituts des constructive total loss gelangte, auch der deutschen Praxis zu sichern. Dies ist denn auch geschehen, jedoch nicht durch Übernahme des Rechtsinstituts des constructive total loss,[2]) das dann folgerichtig unter „Totalverlust" einzufügen und abzuhandeln gewesen wäre, sondern durch Formulierung einer singulären und auch im Rahmen des Rechtsstoffes selbständig dastehenden Bestimmung betreffend den Abandon, die überdies nur einen Teil der Fälle[3]) betrifft, auf die das Ausland die Grundsätze des konstruktiven Totalverlustes anwendet. Nichts wäre daher unrichtiger und irreführender als der Satz: „Abandon ist konstruktiver Totalverlust", denn es handelt sich eben um zwei grundverschiedene Rechtsinstitute.[4])

[1]) § 60 der Marine Insurance Act s. Anhang Nr. 23.

[2]) Unrichtig Pauly a.a.O.

[3]) Pauly a.a.O. „gewisse schwerwiegende Fälle".

[4]) So bereits Voigt S. 636:

„Das deutsche Recht statuiert nur die im Artikel 858 angegebenen Fälle des „wirklichen Totalverlustes, ohne in Fiktionen über denselben hinauszugehen. „Man sollte deshalb den Gebrauch des bei uns gegenstandslosen „überdies dunklen und nur für genauere Kenner der englischen Sprache verständlichen Ausdrucks „constructiver Totalverlust" ganz vermeiden."

§ 9.

2\. Im Einzelnen. 2. Haben sonach die oben unter a) und b) genannten Gesichtspunkte im deutschen Seeversicherungsrecht ausschließlich in den Vorschriften über den Totalverlust einerseits und über den Abandon andererseits Berücksichtigung gefunden, so kann auch Zahlung der vollen Versicherungssumme in Italien wie in Portugal nur gefordert werden, wenn der Tatbestand entweder des Totalverlustes oder des Abandon gegeben ist.

a) Totalverlust liegt nicht vor. a) Totalverlust liegt, darüber kann kein Zweifel sein, in den hier allein zur Frage stehenden Fällen, wo die Ware Schaden nicht gelitten hat, nicht vor. Daß er insbesondere nicht schon dann gegeben ist, wenn dem Versicherten die Verwertung der Ware durch Ausfuhrverbot erschwert oder gar unmöglich gemacht ist, kann nicht zweifelhaft sein.[1] Weder in Italien noch in Portugal kann die Rede davon sein, daß durch eine der von der Regierung getroffenen Maßnahmen die Ware dem Versicherten ohne Aussicht auf Wiedererlangung entzogen sei. Insbesondere kann dies für Portugal nicht behauptet werden mit Rücksicht auf die ausdrückliche Erklärung der portugiesischen Regierung, daß die Ware nach Beendigung des Krieges dem Versicherten wieder ausgehändigt werden soll.

Es wäre aber auch für den vorliegenden Fall der Güter in Italien und Portugal für die rechtliche Beurteilung mit der Behauptung nichts gewonnen, daß es sich um konstruktiven Totalverlust handle. Die Berufung darauf, daß ein Fall des konstruktiven Totalverlustes gegeben sei, würde immerhin insofern eines gewissen Reizes nicht entbehren, als gerade England, wo die Wiege des konstruktiven Totalverlustes stand, für die Güter in Portugal und Italien einen solchen ganz zweifellos nicht anerkennen würde, denn § 60 der Marine Insurance Act[2]) fordert ausdrücklich, daß der Verlust der Güter unvermeidlich scheinen muß und bestimmt dann weiter, daß dieses insbesondere der Fall sei, wenn der Versicherte durch eine vom Versicherer übernommene Gefahr des Besitzes der Güter beraubt und Wiedererlangung der Güter unwahrscheinlich ist. Es bedarf keiner näheren Ausführung, daß keine dieser Voraussetzungen auf die Güter in Italien und Portugal zutrifft.

b) Abandon b) Da sonach für die nicht requirierten und von keinem Schaden betroffenen Güter in Italien und Portugal ein Fall des Totalverlustes nicht vorliegt, so bleibt lediglich zu prüfen, ob Zahlung der vollen Versicherungssumme nach den Vorschriften über den Abandon gefordert werden kann.

[1]) Vergl. die treffenden Ausführungen in H.G.Z. 1916 Nr. 45.

[2]) Anhang Nr. 23.

Zweiter Abschnitt.
Der Abandon.

1. Unterabschnitt.
Der Abandon im allgemeinen.

§ 10. Der Abandon im allgemeinen.

Es kann im Rahmen dieser Abhandlung nicht die Aufgabe sein, eine erschöpfende Darstellung der Einrichtung des Abandon, ihrer geschichtlichen und rechtlichen Grundlagen zu geben. Dieser gewiß dankbaren Aufgabe haben sich bereits namhafte Kenner des Seeversicherungsrechts unterzogen, auf die hiermit verwiesen werden kann.[1])

Die nachstehenden Ausführungen bezwecken lediglich, diejenigen Gesichtspunkte aufzuzeigen, deren Beachtung zum richtigen Verständnis des Abandon unerläßlich ist.

Was ist Abandon?

Unter Abandon versteht man die Übertragung aller Rechte an dem versicherten Gegenstand auf den Versicherer mit der Wirkung, daß der Versicherer verpflichtet wird, die volle Versicherungssumme zu zahlen. In diesem wesentlichen Inhalt des Begriffs stimmen ältere und neuere Quellen überein. Nur die Formulierung weist Abweichungen auf.[2])

---

[1]) Besonders hervorzuheben sind:

Emérigon, Traité des Assurances et des Contrats à la Grosse, Marseille 1783 Band II S. 170 ff.,

Beneke, System des Assekuranz und Bodmereiwesens, Hamburg 1808 S. 485 ff.

derselbe, Principles of Indemnity in Marine Insurance, London 1824 S. 336 ff.,

Poehls, See-Assekuranz-Recht, Hamburg 1834 Band II, S. 594 ff., und

Bewer in Goldschmidt's Zeitschrift Band 38, S. 384, dessen Ausführungen nicht nur durch die gründliche historische Übersicht über die Entwicklung des Abandon in den Rechten der verschiedenen Länder, sondern auch durch die besonders klare systematische Einleitung wertvoll sind, endlich

Voigt zu § 116 A.S.V.B. und Vorbemerkung zum 5. Abschnitt der A.S.V.B. S. 633 ff., derselbe im Neuen Archiv für Handelsrecht. Band III, Hamburg 1862 S. 445 ff.

[2]) Beneke, System S. 485:

„Die völlige Übertragung des Eigentumsrechts einer versicherten verunglückten „Sache an den Versicherer wird Abandon genannt. Vermittels derselben wird „der Versicherer verpflichtet, die gezeichnete Summe zu bezahlen und er erlangt „das Recht, sich durch das Übertragene, insofern es angeht, wieder bezahlt zu „machen."

Derselbe, Principles, S. 336:

§ 10.

Dieser Einrichtung haben sich die seefahrenden Nationen als einer bequemen und durchgreifenden Art der Schadensregulierung bald nur in bestimmten Ausnahmefällen, bald in weitestem Umfange bedient. Der weitestgehende Gebrauch wird von dem Abandon dort gemacht, wo ihm lediglich die Aufgabe zufällt, den Zeitpunkt festzulegen, von welchem ab der Versicherte berechtigt sein soll, die Zahlung der vollen Versicherungssumme zu fordern. Dann dient der Abandon nicht nur dazu, den Versicherten bei ungewissem Schicksal des versicherten Gegenstandes möglichst schnell in den Besitz der vollen Versicherungssumme zu setzen, findet vielmehr auch auf Fälle des Totalverlustes Anwendung. Er beseitigt dann jeden Zweifel an dem Eigentum des **Versicherers**, wenn der dem Versicherten ohne Aussicht auf Wiedererlangung entzogene Gegenstand der Versicherung sich späterhin wieder anfindet. Charakteristisch für den Abandon ist, daß er den Versicherten in den Besitz der vollen nach dem Versicherungsvertrage als Entschädigung für den Totalverlust festgesetzten Versicherungssumme setzt nicht nur ohne Rücksicht darauf, ob der Totalverlust bereits eingetreten ist, sondern — bei Kasko- und Güterversicherung — auch ohne daß es darauf ankommt, ob der Gegenstand der Versicherung tatsächlich Schaden gelitten hat. Er kann daher zur Folge haben, daß der Versicherer gezwungen wird, Totalverlust zu bezahlen, obwohl der versicherte Gegenstand noch keineswegs total verloren gegangen ist. Diese Konsequenz des Abandon hat man von jeher als etwas Ungewöhnliches empfunden und mit den Grundsätzen des Seeversicherungsrechts nicht zu vereinbaren vermocht.[1])

»The assured by abandoning the subject insured, yields up to the under-»writer all his rights and claims to what may be saved, and receives »of the latter the full amount of the sum insured.«

Poehls, S. 594:

„Unter dem Abandon... ist die Handlung zu verstehen, durch welche der Ver-„sicherte seinem Assecuradeur anzeigt, daß er die Bezahlung der versicherten „Summe in Anspruch nehme und dagegen ihm, dem Assecuradeur, den Gegen-„stand der Assecuranz mit allen ihm, dem Versicherten, zustehenden Rechten „überlasse."

[1]) **Emérigon**, Band II, S. 177:

»Il est dans l'ordre que ces pertes ou ces dommages soient réparés par »les Assureurs qui s'en sont déclarés responsables. Mais il n'est pas »dans l'ordre que les Assureurs soient forcés à devenir propriétaires »d'une chose dont ils s'étaient rendus simples garans. Voilà pourquoi »le Guidon de la Mer, ch. 7, Art. I, observe très bien que le délaissement »est un remède extrême.«

Benecke, Principles, S. 338:

»abandonment is inconsistent with just notions concerning the nature »of the contract of insurance, which is a contract of indemnity.«

Derselbe System, S. 487:

Ja, gerade Kenner des Seeversicherungsrechts haben diese Einrichtung stets mit einem gewissen Mißbehagen betrachtet. Dieses Mißtrauen hat in der Tat seine volle Berechtigung. Denn der Abandon ist im Rahmen der Seeversicherung ein Fremdkörper stets gewesen und bis auf den heutigen Tag geblieben.

Die Seeversicherung ist reine Schadensversicherung, d.h. eine Versicherung, die auf dem Grundsatz aufgebaut ist, daß nur der wirklich entstandene Schaden ersetzt wird. Für Bestimmungen die, wie die Vorschriften vom Abandon den Versicherer ohne Rücksicht auf Eintritt oder Nichteintritt eines wirklichen Schadens verpflichten, die lediglich zum Ausgleich eines Totalschadens bestimmte volle Versicherungssumme zu zahlen, ist im Rahmen der Schadensversicherung kein Raum. Soll der Versicherer verpflichtet sein, die volle Versicherungssumme nicht erst beim Eintritt eines Schadenfalles, sondern beim Vorliegen bestimmter, die Güter lediglich gefährender Tatsachen,[1]) zu zahlen, mithin ohne jede Rücksicht darauf, ob ein Schaden eingetreten ist oder nicht, so liegt eben keine Schadensversicherung, sondern eine Versicherung eigner Art vor, wie sie Ehrenberg[2]) unter den Begriff der Summenversicherung bringt: Zahlung einer bestimmten Geldsumme im Falle eines bestimmten Ereignisses. Erläutert an dem Beispiel der Anhaltung durch Verfügung von hoher Hand bedeutet das folgendes:

Die Seeversicherungspolice ist dazu bestimmt, dem Versicherten den Ersatz aller Schäden zu gewährleisten, die dem Gegenstande der Versicherung durch die Gefahren der Seeschiffahrt erwachsen können. Diese Schäden können entweder in einem völligen oder in einem teilweisen Verlust des versicherten Gegenstandes bestehen. Die Bedeutung einer Anhaltung durch Verfügung von hoher Hand für die Erstattungspflicht des Versicherers liegt nicht etwa darin, daß sie zu den Ereignissen zu zählen wäre, für deren nachteilige Folgen bezw. Einwirkungen auf den versicherten Gegenstand der Versicherer aufzukommen hätte, auch handelt es sich nicht darum, daß für einen infolge der Anhaltung eingetretenen Schaden der Versicherer zu haften hätte. Vielmehr ist das eigentümliche des Falles darin zu suchen, daß die Anhaltung durch Verfügung von hoher Hand nicht als selbständiges Schadensereignis, sondern lediglich als Keim eines künftigen möglicher-

---

„obgleich man nicht behaupten kann, daß der Abandon selbst in solchen Fällen
„— Verschollenheit, Aufbringung usw. — in dem Wesen des Assekuranzkontrakts
„begründet sei."

Abweichend Poehls S. 596, der, ohne die vorstehenden Bedenken zu teilen, den Abandon lediglich unter dem Gesichtspunkt einer eigentümlichen Art betrachtet, gewisse Schäden zu regulieren.

1) Bewer a.a.O. S. 417 spricht kurzweg von „Gefährdungstatsachen."

2) Versicherungsrecht Leipzig 1893 Band I S. 59.

weise eintretenden Schadenereignisses Einfluß auf das Versicherungsverhältnis gewinnt.[1])

Entscheidend für die Verpflichtung des Versicherers zur Zahlung der vollen Versicherungssumme ist eben der Eintritt des Abandonereignisses, z. B. der Anhaltung durch Verfügung von hoher Hand. Ist dieses Ereignis eingetreten, hat es eine bestimmte Zeit fortgedauert, und läßt es den späteren Totalverlust mit hoher Wahrscheinlichkeit erwarten, so erzeugen eben diese Tatsachen die Verpflichtung für den Versicherer, die volle Versicherungssumme zu zahlen. Nur aus der Verkennung dieses wahren Charakters des Abandon als einer begrifflich von der Schadensversicherung scharf zu unterscheidenden Summenversicherung erklären sich die ebenso alten wie stets wiederholten Versuche, den Abandon dem System der Schadensversicherung dadurch einzugliedern, daß man ihn als einen bloß fingierten Totalverlust dem wirklichen Totalverlust gegenüberstellt. Gerade diese Gegenüberstellung, diese Einordnung der Abandonfälle unter die für den Totalverlust geltenden Gesichtspunkte ist schuld an den Unklarheiten und logischen Widersprüchen, die noch bis auf den heutigen Tag der Regelung des Abandonrechts in Gesetz und Vertrag anhaften. Der Gesichtspunkt allein, daß auch der Abandon letzten Endes nichts weiter bezweckt, als den Versicherten vor einem Schaden zu bewahren, kann seine systematische Einordnung in die Schadensversicherung nicht rechtfertigen. Jeder Versicherungsvertrag bezweckt,[2]) der einen Partei gegen Entgelt eine Vermögensleistung für den Fall des Eintritts einer ungewissen wirtschaftlich nachteiligen Tatsache zu sichern. Dies kann in verschiedener Weise geschehen. Immer aber bleibt es ein Fehler, der sich notwendig rächen muß, wenn eine Form der Sicherstellung für den Fall einer wirtschaftlich nachteiligen Tatsache, wie sie der Abandon darstellt, der Schadensversicherung, mithin einem Vertragssystem eingegliedert wird, in dessen Rahmen sie offensichtlich nicht hineinpaßt. Gerade aus diesem Fehler entspringen denn auch die Unbilligkeiten, die immer wieder bei der Handhabung des Abandonrechts zu Tage treten. Wenn ein praktisches Bedürfnis für den Kaufmann anzuerkennen ist, die Zahlung der vollen Versicherungssumme schon vor Eintritt eines Schadens, ja ganz ohne Rücksicht auf denselben, beanspruchen zu dürfen, lediglich auf Grund des Eintritts bestimmter Tatsachen, wie z. B. der Anhaltung durch Verfügung von hoher Hand, so möge eine dahingehende Vorschrift im Gesetz oder Versicherungsvertrage an einer Stelle

---

[1]) Voigt S. 649 drückt dies mit den Worten aus:
„daß jede Abandonnierung ein in seinen Folgen noch nicht abgeschlossenes Schadenereignis voraussetze."

[2]) Wie Ehrenberg a.a.O. S. 55 treffend ausführt.

und in einer Weise getroffen werden, die das Einzigartige und Besondere dieser Vorschrift voll erkennen läßt. Die Parteien werden sich alsdann der Tragweite solcher Bestimmung bewußt werden, und eben die völlige Klarheit über die Bedeutung solcher Bestimmung und ihre Unabhängigkeit von einem dem versicherten Gegenstand tatsächlich zugestoßenen Schaden, wird dann sehr bald zu einer sorgfältigeren Ausgestaltung dieser Vorschrift hinsichtlich der anzuerkennenden Abandonfälle einerseits und der zu zahlenden Prämie andererseits führen.

So lange aber die Abandonvorschriften an den aufgezeigten Unklarheiten leiden, wird in der Tat bei Anwendung derselben allergrößte Vorsicht und Zurückhaltung geboten, und der Auffassung vollauf beizutreten sein, daß der Abandon niemals anerkannt werden darf, wenn seine Zulassung auch nur zweifelhaft sein kann.

Diesen Gedanken ist im Vorstehenden mit Absicht ein breiterer Raum eingeräumt worden, sind sie doch geeignet, einer Reihe von Anschauungen den Boden zu entziehen, die schon wiederholt einer sachlichen und gerechten Entscheidung hindernd im Wege gestanden haben.

Eine solche schiefe Auffassung ist es, daß die Einrichtung des Abandon zur Beseitigung einer Ungerechtigkeit vonnöten sei, die darin liege, daß der Versicherte trotz größter Wahrscheinlichkeit des Verlustes die Versicherungssumme nicht erhalten könne, so daß ihm dieses Kapital weiter entzogen bleibe. Im Gegenteil! Die Zahlung der vollen Versicherungssumme trotz Nichteintritts des Schadens ist etwas „Ungerechtes," weil mit dem Grundgedanken jeder Schadensversicherung schlechthin nicht zu vereinbarendes. Der Versuch, den Anspruch auf Zahlung der vollen Versicherungssumme in Abandonfällen dennoch unter den Gesichtspunkt der Schadensversicherung zu bringen, war, wie dargelegt, als etwas sinnwidriges zum Scheitern verdammt. Wo daher zur Rechtfertigung des Abandon im einzelnen Falle auf eine angebliche Ungerechtigkeit gegenüber dem Versicherten hingewiesen wird, wird regelmäßig außer acht gelassen, daß auch der Abandon nur einen verhältnismäßig kleinen Teil derjenigen Fälle umfaßt, in denen dem Versicherten sein Kapital auf unbestimmte Zeit entzogen ist, ohne daß für ihn die Möglichkeit besteht, den Versicherer in Anspruch zu nehmen. Ein lehrreiches Beispiel bietet die Lage des Versicherten deutscher Güter in neutralen Staaten wie z. B. Spanien während des gegenwärtigen Weltkrieges, wo das versicherte Unternehmen bereits mit dem Ausbruch des Weltkrieges zum Stillstand gekommen ist und der Versicherte schon seit mehr als drei Jahren sein in dem Unternehmen festgelegtes Kapital von keiner Seite, am wenigsten aber von dem Versicherer, zurückzufordern berechtigt und in der Lage ist.

Diese Gesichtspunkte, die gleichmäßig auf die Abandonbestimmungen aller seefahrenden Nationen Anwendung finden, dürfen auch für das deutsche Seeversicherungsrecht niemals außer acht gelassen werden.

§ 11. Der Abandon im deutschen Seeversicherungsrecht.

2. Unterabschnitt.

Der Abandon im deutschen Seeversicherungsrecht.

In Deutschland findet sich der Abandon zuerst in einzelstaatlichen Gesetzgebungen Anfang des 18. Jahrhunderts.[1]) Allgemein gesetzlich eingeführt wurde er für Deutschland erst durch Artikel 865 (jetzt § 861 ff) des H.G.B. und zwar gegen den Widerspruch der Hansestädte.[2])

Diese Bestimmung hat sich in folgender Weise aus den Beratungen zum Allgemeinen Deutschen Handelsgesetzbuch entwickelt. Der Gedanke des Abandon tauchte zuerst bei der Beratung über den Artikel 650 des Preußischen Entwurfs eines Handelsgesetzbuches von 1857 auf,[3]) welcher lautete:

Ein Totalverlust liegt vor:

1. „bei Schiff und Gütern, wenn dieselben gesunken, oder in ihrer „ursprünglichen Beschaffenheit zerstört, oder genommen und für „gute Prise erklärt worden sind;
2. „bei Fracht und Heuer, wenn wegen des Unterganges von Schiff „oder Ladung oder wegen anderer Umstände, welche die Vollendung „der Reise verhindert haben, keine Fracht oder Heuer verdient „worden ist;
3. „bei imaginärem Gewinn und Provision, wenn die Ankunft der „Waren, aus welchen der Gewinn gezogen werden sollte, nicht statt„gefunden hat."

Im Anschluß hieran entstanden die weiteren Formulierungen in den Anlagen A und B zum Protokoll über die 386. Sitzung als Artikel 650, 653.[4])

Den Beschlüssen der 386. Sitzung ist alsdann in der Fassung der §§ 1 und 2 der Anlage zum Protokoll der 390. Sitzung Rechnung getragen.[5])

---

[1]) Näheres s. u. a. bei Bewer a.a.O. S. 420.

[2]) Ein Überblick über die Rechtslage, wie sie die Kommission vorfand, als sie mit den Beratungen über ein Allgemeines deutsches Handelsgesetzbuch begann, findet sich aus der Feder von Voigt im Neuen Archiv für Handelsrecht Band 4 S. 323 ff. Note 104. Im übrigen geben von dem Stande der Dinge zur Zeit der Einführung und von dem Widerstande, auf den sie stieß, die Protokolle über die Beratungen zum Handelsgesetzbuch, insbesondere S. 3387 ein getreues Bild.

[3]) Protokolle S. 3345.

[4]) Protokolle S. 3349, Anhang Nr. 24.

[5]) Protokolle S. 3386, Anhang Nr. 25.

§ 11.

Über diese vom Referenten am Eingang der 390. Sitzung vorgelegte Anlage ist noch in derselben Sitzung abgestimmt und beschlossen worden, auszusprechen, daß in den Fällen des § 2 II der Anlage der Versicherte berechtigt sei, die Bezahlung der ganzen Versicherungssumme zu verlangen, daß er aber, wenn er einen Totalverlust und nicht bloß einen Partialschaden geltend machen wolle, dies dem Versicherer zu erklären und sich gegen Zahlung der vollen Versicherungssumme zur Abtretung seiner Rechte auf die versicherte Sache zu erbieten habe.

Ferner wurde beschlossen, beizufügen, daß die Rechte des Versicherten auf den Versicherer spätestens mit der Zahlung der Versicherungssumme übergehen sollten. Auf Grund dieses Beschlusses hat dann die Bestimmung des § 2 II der mehrerwähnten Anlage die aus der Anlage zur 393. Sitzung[1]) ersichtliche Fassung erhalten.

Diese Bestimmung ist in einer Redaktionssitzung vom 10. September 1859, über die ein Protokoll nicht vorliegt, in folgender Weise gefaßt worden:

„Außerdem ist der Versicherte befugt, Vergütung eines Totalver-„lustes gegen Abtretung der in Betreff des versicherten Gegenstands „ihm zustehenden Rechte in folgenden Fällen zu verlangen (Aban-„don)...........

„wenn der Gegenstand der Versicherung dadurch bedroht ist, daß „das Schiff oder die Güter unter Embargo gelegt, von einer krieg-„führenden Macht aufgebracht, auf andere Weise durch Verfügung „von hoher Hand angehalten oder durch Seeräuber genommen und „während der für Reisen von oder nach Europa geltenden Ver-„schollenheitsfristen nicht freigegeben sind."

Zweierlei ist an dieser Bestimmung neu.

Einmal die Zusammenziehung der in dem Artikel 745 der Anlage zum 393. Sitzungsprotokoll für die einzelnen Arten der Versicherung einzeln aufgeführten Abandonfälle in den Worten:

„wenn der Gegenstand der Versicherung dadurch bedroht ist,"

und sodann die hier zum ersten Mal zum Ausdruck gebrachte Abandonvoraussetzung der Bedrohung. An dieser in der 393. Sitzung beschlossenen Fassung ist dann im weiteren Verlauf der Beratungen inhaltlich nichts geändert worden. Sie hat in Gestalt des Artikel 865 des Allgemeinen deutschen Handelsgesetzbuches, jetzt § 861 H.G.B., Gesetzeskraft erlangt, und alsdann auch in dem von Voigt auf Grund des zustandegekommenen Allgemeinen deutschen Handelsgesetzbuches verfaßten Entwurf des Neuen Revidierten Allgemeinen Planes Hamburgischer Seeversicherungen unverändert Aufnahme gefunden und ist dann durch alle zwischen den beteiligten Kreisen

[1]) Anhang Nr. 26.

gepflogenen Beratungen hindurch bis zu ihrer Aufnahme als § 116 in die Allgemeinen See-Versicherungs-Bedingungen unbeanstandet geblieben.[1]) Danach kommen für den Abandon im deutschen Seeversicherungsrecht ausschließlich die Bestimmungen d.r §§ 861 ff (früher Artikel 865) H.G.B. und für Hamburg des § 116 A.S.V.B. in Betracht. Letzterer lautet wie folgt:

„Der Versicherte ist befugt, die Zahlung der Versicherungssumme „zum vollen Betrage gegen Abtretung der in Ansehung des versicher- „ten Geg.nstandes ihm zustehenden Rechte in folgenden Fällen zu „verlangen (Abandon):

1. „wenn das Schiff verschollen ist,
2. „wenn der Gegenstand der Versicherung dadurch bedroht ist, daß „das Schiff oder die Güter unter Embargo gelegt, von einer „kriegführenden Macht aufgebracht, auf andere Weise durch Ver- „fügung von hoher Hand angehalten oder durch Seeräuber ge- „nommen und während einer Frist von sechs, neun oder zwölf „Monaten nicht freigegeben sind, je nachdem die Aufbringung, „Anhaltung oder Nehmung geschehen ist:
   a) „in einem europäischen Hafen oder in einem europäischen Meere „einschließlich aller Häfen oder Teile des Mittelländischen, „Schwarzen und Azowschen Meeres oder
   b) „in einem anderen Gewässer, jedoch diesseits des Vor- „gebirges der guten Hoffnung und des Kap Horns, oder
   c) „in einem Gewässer jenseits des einen jener Vorgebirge.

„Die Fristen werden von dem Tage an berechnet, an welchem dem „Versicherer der Unfall durch den Versicherten angezeigt wird."

3. Unterabschnitt.

Die Tatbestandsmerkmale des Abandon nach § 116 ff. A.S.V.B. (§ 861 H.G.B.) im einzelnen.

1. Kapitel.

Wann ist ein Abandonfall im Sinne des § 116 A.S.V.B. gegeben? Nur wenn die Güter von dem Abandonereignis betroffen sind.

§ 12. Nur wenn die Güter von dem Abandonereignis betroffen sind.

Gefordert wird nach § 116 eine Bedrohung des Gegenstandes der Versicherung dadurch, daß das Schiff oder die Güter von einem der dort aufge-

[1]) Über die Entstehungsgeschichte der Allgemeinen Seeversicherungs-Bedingungen von 1867 im allgemeinen vergl. Voigt Einleitung S. XXII ff. An Reformversuchen hat es in neuerer Zeit nicht gefehlt, vergl. den Entwurf der Hamburger Assekuranzmakler Hamburg 1909, den Entwurf der Seeversicherer Hamburg 1910. Änderungsvorschläge zum § 116 A.S.V.B. sind in keinem dieser Entwürfe enthalten. Der Krieg hat dem allen vorläufig ein Ende gesetzt.

zählten Ereignisse betroffen sind. Diese Ausdrucksweise des Gesetzes hat dazu beigetragen, der Bestimmung eine sehr viel kompliziertere Bedeutung zuzuschreiben als ihr tatsächlich innewohnt. Praktisch sollte damit nichts anderes gesagt sein, als daß bei der Kaskoversicherung sowie bei allen unzertrennlich mit dem Schicksal des Schiffes verbundenen Versicherungen das Schiff, dagegen bei der Güterversicherung und bei allen mit dem Gute unzertrennlich verbundenen Versicherungen (z. B. von imaginärem Gewinn) das Gut durch den Eintritt eines der Ereignisse des § 116 bedroht sein müsse. Mit anderen Worten: Der Satz „wenn der Gegenstand der Versicherung dadurch bedroht ist, daß das Schiff oder die Güter .... angehalten ... sind" lautet bei der Kaskoversicherung:

„Wenn das Schiff dadurch bedroht ist, daß es angehalten worden ist," bei der Güterversicherung dagegen:

„Wenn die Güter dadurch bedroht sind, daß sie angehalten sind."

Das geht aus der Entstehungsgeschichte des § 116 klar hervor. Die Beratungen zum Allgemeinen Handelsgesetzbuch ergeben, daß die Umschreibung der Worte „Schiff" und „Güter" durch „Gegenstand der Versicherung" nicht auf besonderen, etwa in der Beratung zur Sprache gebrachten Erwägungen beruht, sondern lediglich aus redaktionellen Gründen in einer Redaktionssitzung vom 10. September 1859 vorgenommen ist, über die ein Protokoll nicht vorliegt.[1]) Bis dahin war also ein Zweifel von keiner Seite daran laut geworden, daß die zum Abandon berechtigenden Tatsachen bei der Güterversicherung das Gut, bei der Kaskoversicherung das Schiff betroffen haben mußten.[2]) Der Gedankengang bei den Beratungen der Kommission war folgender: Als Neuerung gegenüber dem bisherigen Recht war vorgeschlagen worden, Totalverlust auch da anzunehmen, wo Schiff oder Güter z. B. durch Verfügung von hoher Hand dem Versicherten entzogen seien. Voraussetzung aller Erwägungen und Erörterungen war dabei, wie die Protokolle klar erkennen lassen, immer daß eben der versicherte Gegenstand der Gefahr des Totalverlustes ausgesetzt sei. Das ist fortgesetzt die Meinung bis zur erwähnten Redaktionssitzung vom 10. September 1859. Die nächste Plenarsitzung stutzt über die Fassung, die in den früheren Beratungen eine Stütze nicht findet, billigt dann aber, nachdem die Notwendigkeit des Moments der Bedrohung ausdrücklich Anerkennung gefunden hat, die von der Redaktionkommission gewählte Fassung: „Wenn der Gegenstand der Versicherung ..... dadurch bedroht ist, daß ..

[1]) Oben § 11 S. 51, Protokolle S. 3474.

[2]) Das beweist auf das klarste den Werdegang der Bestimmung des § 116 (Artikel 865), wie er in den verschiedenen Protokollanlagen (Anhänge Nr. 24—26) veranschaulicht ist (vergl. insbesondere Anhang Nr. 26).

Danach kann kein Zweifel sein, daß mit der Zusammenfassung von Schiff, Fracht, Güter, Überfahrtsgelder usw. unter den Begriff „Gegenstand der Versicherung" ein tieferer Sinn nicht hat verbunden werden sollen, jedenfalls aber dem Gesetzgeber bei der Wahl dieser Fassung nichts ferner gelegen hat, als zu der Auslegung die Handhabe zu bieten, daß der Kaskoversicherer abandonieren könne, wenn die Güter oder umgekehrt, daß der Güterversicherer abandonieren könne, wenn das Schiff von Eintritt und Fortwirken eines der Ereignisse des § 116 betroffen sei.[1]) Von der hier vertretenen Auffassung, daß bei der Kaskoversicherung das Schiff, bei der Güterversicherung dagegen das Gut betroffen sein müßte, ging auch Voigt — seinerzeit wohl einer der besten Kenner des Seeversicherungsrechts — im Jahre 1863 aus, also zu einer Zeit, wo man noch unter dem frischen Eindruck der damals erst kurz zurückliegenden Beratung zum H.G.B. stand. Die Protokolle waren damals schon herausgegeben. Er schreibt in seiner vergleichenden Zusammenstellung der Bestimmungen des „Revidierten Allgemeinen Planes hamburgischer Seeversicherungen" mit den die Seeassekuranz betreffenden Artikeln des Allgemeinen deutschen Handelsgesetzbuches (Buch 5 Titel 11) im Neuen Archiv für Handelsrecht Band 4 S. 329.

> „Wie schon oben bemerkt worden ist, so bildet einen neuen Abandon-
> „fall der Umstand, wenn der versicherte Gegenstand unter Embargo
> „gelegt ..... auf andere Weise durch Verfügung von hoher
> „Hand angehalten .... und während einer Frist ... nicht frei-
> „gegeben wird."

Er war also zweifellos der Meinung, daß bei der Güterversicherung die Güter, bei der Kaskoversicherung das Schiff betroffen sein mußte, um den Abandon zu rechtfertigen. Für die Auslegung des § 116 ergibt sich daraus, daß der gewählten Ausdrucksweise: „Wenn der Gegenstand der Versicherung ....." lediglich stilistische Bedeutung zukommt. Sie findet ihre natürliche Erklärung in dem Wunsche der Redaktionskommission, in einer sprachlich klaren und einwandfreien Form zum Ausdruck zu bringen, daß bei einer Versicherung z. B. von imaginärem Gewinn die Güter nicht nur von einem der näher bezeichneten Schicksale betroffen, sondern auch durch dasselbe bedroht sein müssen, wenn der Versicherte zum Abandon berechtigt sein soll. Diesen Gedanken in einer für alle in der Seeversicherung denkbaren Gegenstände der Versicherung gleichmäßig gültigen und zutreffenden

---

[1]) Eine solche Auslegung, wie sie bei einem bloßen Haften am Wortlaut denkbar wäre, würde bei der Mannigfaltigkeit der Gegenstände der Versicherung — es können neben Schiff und Gütern auch Fracht, imaginärer Gewinn, Provision usw. abandonniert werden — Variationen zulassen, die ohne weiteres als sinnlos zu verwerfen wären.

Gestalt in einer einzigen Vorschrift zum Ausdruck zu bringen, war in der Tat schon sprachtechnisch mit erheblichen Schwierigkeiten verbunden. Es ist dies nur durch den weitläufigeren Satz möglich, daß bei der Kaskoversicherung sowie bei allen unzertrennlich mit dem Schicksal des Schiffes verbundenen Versicherungen das Schiff, dagegen bei der Güterversicherung sowie bei allen mit dem Gute unzertrennlich verbundenen Versicherungen das Gut von einem der Schicksale des § 116 A.S.V.B. betroffen sein muß. Aus diesem Satze ergibt sich aber folgerichtig, daß beispielsweise die Anhaltung des Schiffes durch Verfügung von hoher Hand den Güterversicherten zum Abandon nur berechtigen kann, wenn sie zugleich sämtliche Voraussetzungen einer Anhaltung der Güter aufweist.[1]) Verfehlt wäre daher die Auffassung, daß jede Anhaltung des Schiffes zugleich eine Anhaltung der darin geladenen Güter sei.[2])

A. Die einzelnen Tatbestandsmerkmale eines Abandonfalles nach § 116 Ziffer 2 A.S.V.B.

A. Die einzelnen Tatbestandsmerkmale eines Abandonfalles nach § 116 Ziffer 2 A.S.V.B.

Der § 116 enthält drei wesentliche Voraussetzungen für die Berechtigung des Abandon. Es sind dies:

1. Der Eintritt eines der im § 116 A.S.V.B. unter Ziffer 2 aufgeführten Ereignisse,
2. die Nichtfreigabe während einer bestimmten Frist,
3. daß der versicherte Gegenstand durch beide Momente zusammen bedroht wird.

Aus der nachstehenden Betrachtung soll der im § 116 Ziffer 1 getroffene Fall der Verschollenheit ausgeschaltet werden, da seine Voraussetzungen völlig selbständiger Art sind und keinerlei Einfluß auf die Bedeutung der Vorschrift der Ziffer 2 ausüben. Was den Tatbestand der Ziffer 2 anlangt, so bringt der Wortlaut zunächst eines klar und deutlich zum Ausdruck:

---

[1]) So mit Recht Aschenheim „Der Abandon des Versicherten in der Seeversicherung". Berlin 1893, S. 20 Anmerkung 1:

„Ist der versicherte Gegenstand durch den Eingriff der hemmenden Macht nicht „direkt betroffen, sind z. B. die auf einem angehaltenen oder genommenen „Schiffe befindlichen Güter verschont geblieben, so liegt natürlich für den „Abandon derselben durchaus kein Rechtsgrund vor."

[2]) Für die „Aufbringung" ist die hier vertretene Auffassung ausdrücklich anerkannt in einem Urteil des Reichsgerichts vom 4. April 1917 in Sachen Bremen-Besigheimer Ölfabriken in Bremen gegen die Oberrheinische Versicherungsgesellschaft in Mannheim und Genossen, abgedruckt in H.G.Z. 1917 Nr. 132:

„Soweit sich zu dieser Zeit (nach der Überführung des D. „Gutenfels" nach „Alexandria durch einen britischen Kreuzer) die versicherte Ware an Bord des „Dampfers befand, ist auch diese ohne weiteres als feindliches Eigentum auf „feindlichem Schiffe als mit aufgebracht oder beschlagnahmt zu erachten."

Sowohl das Schiff wie auch das Gut können jedes für sich von dem Schicksal der Anhaltung, Aufbringung usw. betroffen werden. Zu denjenigen Fällen also, in denen der Versicherte zum Abandon berechtigt sein soll, gehört auch der Fall, wo eines der Schicksale des § 116 lediglich die Güter betroffen hat. Das Schicksal, dessen Eintritt die erste und grundlegende Voraussetzung des Abandon nach § 116 Ziffer 2 bildet, umfaßt zwei Tatbestandsmomente:

Den Eintritt eines bestimmten Ereignisses einerseits und
das Fortbestehen seiner Wirkungen (die Nichtfreigabe) andererseits.

I. Die Ereignisse des § 116 A.S.V.B. 1. Im einzelnen.

Nach § 116 müssen die Güter entweder unter Embargo gelegt oder von einer kriegführenden Macht aufgebracht oder auf andere Weise durch Verfügung von hoher Hand angehalten oder durch Seeräuber genommen worden sein. Die einzelnen Abandonereignisse sind demnach:

1. Belegung mit Embargo
2. Aufbringung durch eine kriegführende Macht
3. Anhaltung durch Verfügung von hoher Hand auf andere Weise als durch 1) und 2)
4. Nehmung durch Seeräuber.

Eine Begriffsbestimmung gibt der § 116 A.S.V.B. für keines dieser Ereignisse. Er hat ebenso wie das Handelsgesetzbuch (vergl. z. B. § 629) die Begriffe so übernommen, wie sie sich von altersher herausgebildet haben, so daß für die Frage, wann ein Embargo, eine Aufbringung durch eine kriegführende Macht oder sonst eine Verfügung von hoher Hand als gegeben zu betrachten ist, die bisherige Auffassung im Seeverkehr zu entscheiden hat.

§ 13. a) Embargo.

So finden sich denn auch in der Litaratur verschiedene Begriffsbestimmungen des Embargo.

„Embargo (embargar span. anhalten)" — so heißt es bei Makower[1]) „ist das Anhalten von Schiffen und deren Gütern infolge eines „Handelsverbots, der Vorläufer des Krieges und der Anfang feindlicher Behandlung."

Tecklenborg[2]) gibt folgende Begriffsbestimmung:

„Im Seewesen ist das Embargo die Maßregel einer Regierung, „wodurch den im Hafen befindlichen Schiffen das Absegeln verboten wird. Es heißt dann: die Schiffe sind mit Embargo belegt."

Alauzet[3]):

„L'embargo, qui, en espagnol, signifie saisie et séquestration, est

[1]) Das allgemeine deutsche Handelsgesetzbuch 1890. Anmerkung 118 zu Artikel 631 A.D.H.G.B.

[2]) Handlexikon für Reeder, Versicherer und Schiffskapitäne, Bremen 1856.

[3]) Traité Général des Assurances. Paris, 1843, Band II S. 36.

„pris pour une défénse générale de laisser sortir du port aucun „navire jusqu'a nouvel ordre. Il opère toujours arrêt."

Park[1]):

„An embargo is an arrest laid on ships or merchandize by public „authority, or a prohibition of state commonly issued to prevent „foreign ships from putting to sea in time of war, and sometimes „also to exclude them from entering our ports."

Nach den vorstehenden Begriffsbestimmungen in Verbindung mit dem Wortsinn des Embargo, der eine „Anhaltung" bedeutet, könnte es zweifelhaft erscheinen, ob das Embargo ein Ereignis ist, von dem sowohl das Schiff wie auch die Güter nicht nur zusammen, sondern auch unabhängig voneinander betroffen werden können. Bejahend beantwortet dies Park mit seiner oben wiedergegebenen Definition des Embargo als eines durch staatlichen Hoheitsakt auf Schiff oder Ware gelegten Arrestes, während Alauzet das Verbot des Auslaufens als das charakteristische hervorhebt, und Makower das Anhalten von Schiff und Ladung für das wesentliche hält.

Über die Bedeutung des Embargo für den Abandon nicht nur des Kasko-, sondern auch des Güterversicherten hat indessen die Entstehungsgeschichte des § 116 jeden Zweifel beseitigt, denn in der Fassung des Artikels 745 Ziffer 2,3 der Anlage zur 393. Sitzung der Kommission zur Beratung des A.D.H.G.B.[2]), an der dem Sinne nach späterhin nichts hat geändert werden sollen, ist klar zum Ausdruck gebracht, daß der Versicherte in Ansehung der Güter zum Abandon berechtigt sein soll, wenn die Güter von einem der unter Nr. 2 bezeichneten Unfälle betroffen sind. Ziffer 2 führt aber ausdrücklich das Embargo auf.

Würde daher selbst begrifflich von einem Embargo nur die Rede sein können, wo ein gegen das Schiff gerichtetes Verbot des Auslaufens vorliegt, so hat eben die vorerwähnte Bestimmung mit aller nur wünschenswerten Klarheit zum Ausdruck gebracht, daß ein Embargo den Güterversicherten nur dann zum Abandon berechtigen soll, wenn auch die Güter von ihm mitergriffen, mitbetroffen worden sind. Die Erfahrung lehrt denn ja auch, daß das Embargo, das, wie stets im Auge zu behalten ist, schon seinem Wortsinne nach eine Anhaltung bedeutet, keineswegs notwendigerweise auch eine Anhaltung der Güter, etwa durch Verbot oder Vereitelung des Weitertransports der Güter z. B. im Wege der Umladung auf ein anderes Schiff, in sich zu schließen braucht. Wenn daher in der mehrerwähnten Bestimmung der Anlage ausgesprochen ist, daß der Güterversicherte zum Abandon berechtigt sein soll, wenn die Güter von einem Embargo betroffen sind, so ist

[1]) System of the law of Marine Insurances, London 1800 S. 78.

[2]) Anhang Nr. 26.

damit in klarer und unzweideutiger Weise gesagt, daß ein Embargo den Abandon des Güterversicherten nur dann rechtfertigt, wenn es die Güter in Mitleidenschaft zieht, für die Güter selbst eine Anhaltung bedeutet.[1]) Ist das aber der Fall, dann muß, wie weiter unten darzulegen sein wird, noch die weitere Voraussetzung hinzutreten, daß eben durch die im gegebenen Falle im Embargo gelegene Anhaltung der Güter die Güter selbst unmittelbar mit Totalverlust bedroht sind.

Im übrigen ergeben sich aus den oben wiedergegebenen Begriffsbestimmungen für den Embargo folgende Tatbestandsmerkmale: Ein regierungsseitiges Verbot des Auslaufens des Schiffes, der Weiterbeförderung seiner Ladung, die Hemmung des Fortganges des versicherten Unternehmens eben durch dieses Verbot, d. h. also die Unmöglichkeit bei der Kaskoversicherung der Fortsetzung der Reise des Schiffes, bei der Güterversicherung des Weitertransports der Ware an den Bestimmungsort. Charakteristisch für das Embargo ist sonach, daß die Hemmung des versicherten Unternehmens nicht durch einen unmittelbaren Zugriff auf die Ware, sondern mittelbar durch eine Einwirkung auf die Entschließungen des Versicherten erfolgt, indem nämlich der Versicherte durch den ihm kundgegebenen Willen der Regierung das Auslaufen des Schiffes bezw. den Weitertransport der Ware nicht zu dulden, dazu bestimmt wird, von einer Verfügung über Schiff oder Ware in diesem Sinne Abstand zu nehmen. Das Embargo entzieht also die Ware weder dem Besitz noch der Obhut des Versicherten, beschränkt vielmehr den Versicherten lediglich in seinen Entschließungen, indem es ihn in die Unmöglichkeit versetzt, über die Ware im Sinne einer Fortsetzung des Transports zu verfügen, ohne nach dem Recht des betreffenden Staates eine unerlaubte Handlung zu begehen und dadurch sich und die Ware den schwersten Gefahren auszusetzen.

§ 14. b) Aufbringung durch eine kriegführende Macht.

„Aufbringung eines Schiffes"
— sagt Tecklenborg[2]) —
„geschieht, wenn ein Schiff in Kriegszeiten auf seiner Reise von einem „bewaffneten Fahrzeuge angehalten, von dessen Mannschaft besetzt „und durch dieselbe nach einem anderen als dem Bestimmungshafen „gebracht wird zum Zwecke einer näheren Untersuchung und der „eventuellen Kondemnation."

Die Aufbringung unterscheidet sich vom Embargo zunächst dadurch, daß

[1]) Der Güterversicherte kann also nicht abandonnieren, wenn ihm, obwohl das Schiff mit Embargo belegt, unbenommen geblieben ist, die Güter auf einem anderen Schiffe an den Bestimmungsort zu befördern.

[2]) Handlexikon S. 33.

sie im Gegensatz zu diesem einen unmittelbaren Zugriff auf das Schiff bedeutet.[1])

Durch dieses aktive Eingreifen, dieses zwangsweise Verbringen des Schiffes in einen anderen als den Bestimmungshafen wird notwendigerweise auch der Transport der auf dem Schiffe geladenen Güter an deren Bestimmungsort zunächst vereitelt. Im Gegensatz zum Embargo bewirkt daher die Aufbringung stets eine Hemmung des Transports der auf dem Schiff geladenen Güter an ihren Bestimmungsort.

Das Embargo und die Aufbringung durch eine kriegführende Macht stellt § 116 voran und bestimmt dann weiter, daß der Abandon auch zulässig sein soll, wenn Schiff oder Güter auf andere Weise durch Verfügung von hoher Hand angehalten seien. Auch das entspricht durchaus der bis dahin im Seeverkehr üblichen Auffassung. § 15. c) Anhaltung durch Verfügung von hoher Hand.

Eine Begriffsbestimmung für die Anhaltung durch Verfügung von hoher Hand gibt § 116 ebensowenig wie für den Embargo und die Aufbringung. Die Beispiele des Embargo und der Aufbringung gewähren jedoch für die Auslegung einen wichtigen Anhalt. Denn wenn beide Ereignisse unter den Begriff der Anhaltung durch Verfügung von hoher Hand zusammengefaßt werden, so muß dies seinen Grund in gemeinsamen Begriffsmerkmalen haben. Diese gemeinsamen Merkmale sind:

1. die Hemmung des Transports,
2. daß diese Hemmung in staatsseitigen Maßnahmen ihren Grund hat, die es den Ladungsbeteiligten oder deren Vertretern unmöglich machen, über die Ware im Sinne einer Fortsetzung des Transports zu verfügen.

Dadurch, daß § 116 die zwei Beispiele des Embargo und der Aufbringung nicht nur ausdrücklich nennt, sondern auch voranstellt, ist aber weiterhin auch klar zum Ausdruck gebracht, daß nicht ein neuer bisher im Versicherungswesen unbekannter Begriff, ein neues Abandonereignis geschaffen, sondern an dem historisch gewordenen Begriffe festgehalten werden sollte. In der Tat handelt es sich hier um einen Begriff, der, wie das Embargo und so manche andere Einrichtung im Seeverkehr nicht aus sich selbst, oder gar aus dem Wortlaut einer ihn betreffenden Bestimmung, sondern nur aus seiner geschichtlichen Entwicklung heraus verstanden werden kann. In seiner geschichtlichen Entwicklung bedeutet das, was man bei uns als Anhaltung

[1]) Reichsgerichts Urteil vom 4. April 1917 (H.G.Z. 1917 N. 132: „Ihrem Wesen „nach ist die Aufbringung gewaltsame Besitzergreifung zu Gunsten des Nehmerstaates. „Dies setzt aber die Beschlagnahme als Prise voraus, d. h. mit der Absicht den „Eigentümer seines Eigentums zu Gunsten des Nehmerstaates zu berauben (Arnould „M.J. S. 829)".

durch Verfügung von hoher Hand bezeichnet,[1]) eine besondere Art der Einwirkung auf den Fortgang des versicherten Unternehmens durch staatlichen Hoheitsakt im Sinne einer Hemmung desselben. Man hat darunter ebenso wie in England unter „Detention" und in Frankreich unter „arrêt de princes" von jeher diejenigen Fälle einer solchen Einwirkung zusammengefaßt, die die besonderen Merkmale des Embargo und der Aufbringung nicht aufweisen. Der Begriff der Anhaltung durch Verfügung von hoher Hand verdankt seine Entstehung in erster Linie dem Bedürfnis nach einer zusammenfassenden Bezeichnung für diejenigen Ereignisse, die, ohne die Voraussetzungen des Embargo oder der Aufbringung zu erfüllen, dennoch die Merkmale eines den Transport hemmenden außerordentlichen staatlichen Hoheitsaktes enthalten.[2])

Auch das Handelsgesetzbuch und mit ihm der § 116 A.S.V.B. haben an diesem Begriff nichts ändern wollen und auch tatsächlich nichts geändert, so daß auch heute nach deutschem Recht eine Anhaltung durch Verfügung von hoher Hand nicht denkbar ist, ohne eine Hemmung des versicherten Unternehmens, mit anderen Worten eine zum Abandon berechtigende Anhaltung durch Verfügung von hoher Hand nur dann vorliegt, wenn sie für den Versicherten die Unmöglichkeit mit sich bringt, über die Ware im Sinne einer Fortsetzung des versicherten Transports zu verfügen.

„Anhaltung". Diesen Sinn in unzweideutiger Weise zum Ausdruck zu bringen, ist im Handelsgesetzbuch bereits durch die Wahl des Ausdrucks auf das vollkommenste gelungen. „Anhaltung" bedeutet nach gewöhnlichem Sprachgebrauch: Hemmung einer Bewegung. Man versteht darunter sowohl die Vereitelung einer noch nicht begonnenen Bewegung, wie auch die Hemmung einer Bewegung, die bereits eingesetzt hat. Dem Worte einen anderen als diesen seinen natürlichen Sinn beizulegen, bietet das Gesetz bzw. der § 116 A.S.V.B. weder Berechtigung noch Veranlassung. Wo also eine Bewegung nicht mehr stattfindet und nicht mehr stattfinden kann, kann auch von einer Anhaltung niemals die Rede sein. Von einer Anhaltung zu

---

[1]) s. auch Artikel 631 = § 629 H.G.B., Protokolle S. 3336.

[2]) In einer Entscheidung vom 4. April 1917 H.G.Z. 1917 Nr. 132 sagt das Reichsgericht:

> „Scharf davon (d. h. von der Aufbringung) zu unterscheiden ist die Anhaltung „im weiteren Sinne, bei der die Absicht obwaltet, das Schiff dem Eigentümer „zu belassen oder zurückzugeben, oder ihn doch wenigstens dafür zu entschädigen. „Die Anhaltung kann eine bloß vorübergehende sein, z. B. zum Zwecke der „Durchsuchung, sie kann sich auch auf längere Zeit, z. B. die Dauer des Krieges „erstrecken. Im letzteren Sinne spricht das VI. Haager Abkommen von Beschlagnahme unter der Verpflichtung der Rückgabe nach dem Kriege. Dies ist aber „keine Beschlagnahme, die der Aufbringung gleichsteht."

sprechen, wo eine Fortbewegung bereits nicht mehr möglich ist, wäre rein sprachlich ein Widersinn. Würde daher selbst der Begriff der Anhaltung durch Verfügung von hoher Hand als ein völlig neuer und bisher nie dagewesener allererst im Handelsgesetzbuch aufgetaucht sein, so würde dennoch jede Auslegung desselben bei dem Wortlaut zu beginnen und die Frage zu beantworten haben, was „angehalten", welche Fortbewegung gehemmt sein muß, wenn eine Anhaltung durch Verfügung von hoher Hand im Sinne des Gesetzes gegeben sein soll. Auch dann würde man selbst ohne jede Kenntnis der geschichtlichen Entwicklung die Antwort in dem Umstande finden, daß eben die Bewegung eines Gegenstandes von einem Ort zum anderen, nämlich die Reise des Schiffes und der Transport der Waren Übersee der grundlegende Tatbestand ist, auf den sich das gesamte Versicherungsrecht aufbaut, ohne den ein Seerecht oder Seeversicherungsrecht überhaupt nicht denkbar wäre, und ferner darin, daß Anfang, Fortgang und Ende der versicherten Reise eben dasjenige Moment ist, worauf sich das Interesse aller Beteiligten bei jeder Versicherung konzentriert, ohne das eine Seeversicherung nicht gedacht werden kann. Man würde ferner eine Bestätigung für die Richtigkeit dieser Auffassung daraus entnehmen, daß, wie weiter unten[1]) noch näher darzulegen sein wird, sämtlichen Ereignissen des § 861 Ziffer 2 H.G.B. bezw. § 116 Ziffer 2 A.S.V.B. das Moment der Hemmung des Transports gemeinsam ist.

Aus dem Vorstehenden folgt für den Begriff der Anhaltung durch Verfügung von hoher Hand bereits so viel, daß sie eine Hemmung bei der

Kasko-Versicherung der Reise des Schiffs,

bei der Güter-Versicherung des Transports der Ware an den Bestimmungsort

bedeutet, und daß diese Hemmung in einer „Verfügung von hoher Hand" ihre Ursache haben muß. Unter „Verfügung von hoher Hand" ist ein unabhängig von dem Willen des Versicherten unter Eingriff in dessen rechtliche oder tatsächliche Machtbefugnisse auf den versicherten Gegenstand unmittelbar oder mittelbar einwirkender außerordentlicher Akt staatlicher Hoheitsgewalt zu verstehen.[2]) Die „Verfügung von hoher Hand" ist kein Rechtsbegriff

„Verfügung von hoher Hand".

---

[1]) § 17.

[2]) Nicht gehört es zum Wesen der Verfügung von hoher Hand, daß sie eine kriegerische Maßnahme sei. Vgl. Voigt S. 396 und 399, Lewis, Reatz, Schroeder a.a.O. S. 362 und 363, H.G.Z. 1916 Nr. 79 S. 148;

Pauly a.a.O. will keinen Gegensatz zwischen Nehmung, Beschlagnahme, Anhaltung durch Kriegführende und Verfügung von hoher Hand anerkennen und er hat recht insofern als ein solcher Unterschied jedenfalls in bezug auf die Bedeutung dieser Ereignisse für die Berechtigung zum Abandon nicht besteht.

in dem Sinne, daß ein bestimmter Rechtscharakter, bestimmte rechtliche Begriffsmerkmale ein bestimmtes rechtliches Gewand darüber zu entscheiden hätten, ob eine Verfügung von hoher Hand vorliegt. Den Ausschlag geben vielmehr rein tatsächliche Gesichtspunkte. Es lassen sich kurz zusammengefaßt folgende wesentliche Begriffsmerkmale feststellen, ohne deren Vorhandensein das Vorliegen einer Anhaltung durch Verfügung von hoher Hand zu verneinen ist.

1. Der Wille auf Seiten der Staatsgewalt, die Fortsetzung der Reise nicht zu dulden,
2. die Äußerung des Willens in Gestalt eines staatlichen Hoheitsaktes,
3. die Unmöglichkeit der Fortsetzung des Transports als Folge der Voraussetzungen zu 1 und 2.

1. Der Wille, die Fortsetzung des Transports nicht zu dulden, bildet die Grundlage einer jeden Anhaltung durch Verfügung von hoher Hand. Er muß vorhanden sein auf Seiten der Staatsgewalt — hierin einer der wesentlichen Gegensätze zur Nehmung durch Seeräuber. Wo dieser Wille fehlt, mithin eine Einwirkung der Staatsgewalt durch ihre Organe auf die Ware auf andere Gründe zurückzuführen ist, fehlt es an einer wesentlichen Voraussetzung der Anhaltung durch Verfügung von hoher Hand. Es folgt daraus namentlich, daß nicht jede Inbesitznahme der Ware durch die Regierung, die eine Fortsetzung des Transports verhindert, z. B. ihre Zurückhaltung durch die Zollbehörden oder ihre Übernahme auf Staatslager in auftragloser Geschäftsführung für den zeitweilig nicht zu erreichenden Eigentümer und in Erwartung seiner Anordnungen eine Anhaltung durch Verfügung von hoher Hand bedeutet. Ob ein auf die Verhinderung der Fortsetzung des Transports gerichteter Wille vorhanden war, wird oft erst in die Erscheinung treten, wenn der Versuch des Versicherten, über die Ware im Sinne der Fortsetzung des Transports zu verfügen, an dem Verhalten der Regierung scheitert, sei es daß diese die Herausgabe der in ihrem Gewahrsam befindlichen Ware verweigert oder die Fortsetzung des Transports auf andere Weise vereitelt. Immer aber bleibt der Wille der Regierung unentbehrliches Tatbestandsmerkmal.

2. Eine praktische Bedeutung erlangt er indessen erst mit dem Augenblick wo er äußerlich in die Erscheinung tritt und zwar in Gestalt einer Verfügung von hoher Hand. In welcher Weise dies geschehen sein muß, wann eine Verfügung von hoher Hand angenommen werden soll, ist aus den Beispielen des Embargo und der Aufbringung durch eine kriegführende Macht zu entnehmen. Das Embargo bedeutet, wie oben[1]) dargelegt, keinen unmittelbaren Zugriff auf Schiff oder Ladung, vielmehr lediglich ein re-

[1]) § 13 S. 57 f.

gierungsseitiges Verbot, dessen Mißachtung allererst einen Zugriff auf Schiff oder Ladung nach sich ziehen kann. Die Aufbringung dagegen erfordert begrifflich einen Zugriff auf das Schiff. Daraus, daß § 116 A.S.V.B. Embargo und Aufbringung unter „Anhaltung durch Verfügung von hoher Hand" zusammenfaßt, folgt, daß es zu eben diesem Begriffe nicht gehört, daß ein Zugriff auf Schiff oder Ladung stattgefunden habe, vielmehr lediglich gefordert wird, daß die Lage der Ware insofern unmittelbar berührt sein muß, als der Transport zum Stillstand gekommen ist. Es genügt daher für die Anhaltung durch Verfügung von hoher Hand, daß der Wille, die Fortsetzung des Transports nicht zu dulden, entweder in Form einer ausdrücklichen Willenserklärung oder aber durch einen unmittelbaren Zugriff auf die Ware in die Erscheinung tritt.

Für den ersten Fall ist das Embargo ein typisches Beispiel.

Dagegen ist für den Fall des unmittelbaren Zugriffs auf die Ware besonders hervorzuheben, daß der Zugriff auf die Ware für sich allein genommen nicht genügt. Er kann so geartet sein, daß er den Willen, die Fortsetzung des Transports nicht zu dulden, ohne weiteres erkennen läßt. So bei der Aufbringung. Keineswegs aber folgt aus jedem Zugriff ohne weiteres das Vorhandensein des gedachten Willens, vielmehr muß derselbe unzweideutig in die Erscheinung treten.

Unter diesem Gesichtspunkt ist beispielsweise eine regierungsseitige Einlagerung entlöschter Waren für sich allein genommen noch keineswegs Tatbestandsmerkmal einer Anhaltung durch Verfügung von hoher Hand, so lange nicht aus den Begleitumständen hervorgeht, ob sie auf dem Willen der Regierung beruht, den Weitertransport der Ware nicht zu dulden oder aber aus anderen Gründen, insbesondere im eigenen Interesse der Beteiligten erfolgt.

Andererseits ist eine staatliche Willenskundgebung für sich allein genommen dann völlig belanglos, wenn es an dem ernsthaften Willen der Regierung im Sinne ihrer Erklärung zu handeln, von vornherein fehlt, so daß die Erklärung ohne jede praktischen Folgen für den Fortgang des Transports bleibt.

Die Äußerung des Willens muß sich aber ferner als ein außerordentlicher Akt darstellen.[1])

---

[1]) Unter „Anhaltung durch Verfügung von hoher Hand" sagt Voigt S. 396 und 399 „sind, wie die Nebeneinanderstellung der Sammelbegriffe: „Gefahr des Krieges" „und Verfügung von hoher Hand" in § 69 Nr. 2 A.S.V.B. zeigt, keine „Kriegsereignisse, sondern außerordentliche Anordnungen einer Regie„rungs- oder Verwaltungsbehörde zu verstehen, die außerhalb der eigent„lichen Kriegsmaßnahmen getroffen sind."

Dazu H.G.Z. 1916 Nr. 79 S. 148. So auch Lewis, Neatz, Schroeder a.a.O. S. 362 „Handlungen der Staatsgewalt im Frieden gegenüber fremden oder eigenen Untertanen."

§ 15.

Nicht jeder auch im normalen Lauf der Dinge sich ereignende Akt staatlicher Hoheitsgewalt, insbesondere also nicht jede amtliche Inbesitznahme, wie sie auch in Friedenszeiten die zollamtliche Einlagerung mit sich bringt, genügt.

Eine Verfügung von hoher Hand erfordert ferner begrifflich ein staatsseitiges Handeln, ohne Rücksicht auf Willen und Interessen des Versicherten.

Auch aus diesem Grunde fallen darunter niemals Maßnahmen, die mit dem ausgesprochenen oder mutmaßlichen Willen des Versicherten oder gar lediglich in seinem Interesse erfolgen.

3. Die wichtigste aller Voraussetzungen einer Anhaltung durch Verfügung von hoher Hand ist der Stillstand des Transports[1]) als Folge des in die Erscheinung getretenen staatsseitigen Willens, seine Fortsetzung nicht zu dulden.

Zwei Möglichkeiten solchen Stillstandes sind gegeben: entweder

die Ware befindet sich im Gewahrsam einer anerkannten Macht, die Hand auf sie gelegt hat, und diese Macht ist nicht gewillt, sie zwecks Fortsetzung des Transports herauszugeben, oder aber

die Ware befindet sich nach wie vor in Besitz und Obhut des Versicherten, der aber durch den kundgegebenen Willen der Regierung in seinen Entschließungen behindert ist, insbesondere sich in die Unmöglichkeit versetzt sieht, über die Ware im Sinne einer Fortsetzung des Transports zu verfügen, ohne nach dem Recht des betreffenden Staates eine unerlaubte Handlung zu begehen und dadurch sich und die Ware den schwersten Gefahren auszusetzen.

In beiden Fällen ist der außerordentliche staatliche Hoheitsakt die Ursache für den Stillstand des Transports. Seine Fortsetzung ist praktisch unmöglich gemacht, im einen Fall durch unmittelbare Einwirkung von hoher Hand auf die Ware, im anderen Falle durch mittelbare Einwirkung, d. h. durch Einwirkung auf die Entschließung des Versicherten im Hinblick auf die Ware. Anders ausgedrückt: Die Unmöglichkeit der Fortsetzung des Transports kann je nach ihrer Ursache eine zweifache sein. Sie kann ihren Grund darin haben, daß dem Versicherten die tatsächliche Gewalt über die Ware genommen ist, oder aber in einer durch die staatliche Willensäußerung herbeigeführten Unfreiheit der Entschließung auf Seiten des Versicherten, die es diesem ungeachtet seiner tatsächlichen Gewalt über die Ware angesichts der

[1]) Es kommt die Verhinderung nur der Fortsetzung, nicht auch des Antritts der versicherten Reise in Frage, weil bei der Güterversicherung die Gefahr für den Versicherer erst mit dem Beginn der Fortbewegung, dem „vom Lande scheiden" der Güter beginnt. (§ 73 A.S.V.B.)

Machtmittel, die der Staat besitzt, um seinen Willen gegebenenfalls mit Gewalt durchzusetzen, nicht nur unklug, sondern vernunftswidrig erscheinen lassen muß, die für die Fortsetzung des Transports erforderlichen Entschließungen zu fassen.

Im ersteren Falle wird indessen der Mangel der tatsächlichen Gewalt über die Ware, der Umstand, daß sie sich in regierungsseitigem Gewahrsam befindet, die Annahme eines Stillstandes des Transports nur rechtfertigen, wenn dem Versicherten gleichzeitig die Möglichkeit genommen ist, über die Ware im Sinne der Fortsetzung des Transports zu verfügen.

Wenn so auf der einen Seite es zum Begriff einer Anhaltung durch Verfügung von hoher Hand nicht gehört, daß eine unmittelbare physische Einwirkung, ein körperlicher Zugriff auf die Ware stattfindet, vielmehr die Tatsache allein genügt, daß infolge der Verfügung von hoher Hand der Transport zum Stillstand gekommen ist, so muß doch auf der anderen Seite immer, wenn eine Anhaltung durch Verfügung von hoher Hand vorliegen soll, der Stillstand des Transports eben auf die Verfügung von hoher Hand im oben erörterten Sinne als die entscheidende Ursache zurückzuführen sein. Mögen daher im Einzelfalle auch sämtliche Merkmale einer Verfügung von hoher Hand gegeben sein, so ist dennoch der Abandon unstatthaft, wenn die Anhaltung, der Stillstand des Transports, in anderen Gründen seine Ursache hat. Ein Schiff, das seit Jahr und Tag wegen Kriegsgefahr in einem neutralen Hafen liegt, außerstande, die versicherte Reise sei es anzutreten, sei es fortzusetzen, kann nicht mehr im Sinne des § 116 angehalten werden. Ergreift die neutrale Regierung Besitz von dem Schiff, so ist das, was dem Schiff damit zustößt, zwar eine Verfügung von hoher Hand, niemals aber eine *Anhaltung* durch Verfügung von hoher Hand. Dasselbe gilt von der Ware.

Die erste und grundlegende Voraussetzung für die Annahme einer Anhaltung durch Verfügung von hoher Hand läßt sich wie folgt zusammenfassen:

Die Fortsetzung des Transports muß *eben dadurch* unmöglich geworden sein, daß die Staatsgewalt ihren auf Verhinderung des Transports gerichteten Willen entweder ausdrücklich erklärt oder doch betätigt hat.

Die bloße Erklärung genügt nicht, wenn sie nicht so geartet ist, daß sie die Fortsetzung der Reise unmöglich macht, z. B. weil sie sie als ein tollkühnes Wagnis erscheinen läßt, da ohne weiteres zu erwarten steht, daß eine Mißachtung dieses Willens ein unmittelbares staatsseitiges Eingreifen zur Folge haben wird.

Bloße Inbesitznahme genügt nicht, wenn der Wille fehlt, die Ware festzuhalten. Die Inbesitznahme kann ebensowohl lediglich eine Schutzmaßnahme der Regierung sein. Sie wird deshalb, wenn nicht besondere Umstände vorliegen, auch nicht einmal als ein widerlegbares Anzeichen für den Anhaltungswillen der Regierung gewertet werden dürfen.

§ 16. d) Nehmung durch Seeräuber.

Als letztes Ereignis, an dessen Eintritt der § 116 Ziffer 2 die Berechtigung zum Abandon knüpft, bleibt noch die Nehmung durch Seeräuber zu erörtern. Sie unterscheidet sich von der Anhaltung durch Verfügung von hoher Hand dadurch, daß der dem Fortgang des Transports hindernd sich in den Weg stellende fremde Wille nicht derjenige der Staatsgewalt ist. Die Nehmung durch Seeräuber ist nicht notwendig ein auch den Kaskoversicherten zum Abandon berechtigendes Ereignis. Sie braucht eine Verhinderung der Reise des Schiffes nach seinem Bestimmungshafen nicht in sich zu schließen, kann sich vielmehr auf die Nehmung der Ware unter Freilassung des Schiffes beschränken. Ist aber auch das Schiff von den Seeräubern genommen, so werden damit regelmäßig auch die auf demselben geladenen Güter von der Nehmung betroffen sein, so daß auch für sie das Abandonereignis vorliegt. Endlich hat die Nehmung durch Seeräuber gegenüber der Anhaltung durch Verfügung von hoher Hand das Besondere, daß sie stets einen unmittelbaren Zugriff auf Schiff oder Ware mit sich bringt.

2. Gemeinsame Merkmale aller Ereignisse des § 116 Ziffer 2 A.S.V.B.

Nachdem im Vorstehenden die einzelnen Ereignisse des § 116 in ihrer Tragweite gewürdigt worden sind, wird eine Hervorhebung der gemeinsamen Merkmale zum besseren Verständnis der Abandonvorschrift des § 116 wesentlich beitragen. Diese gemeinsamen Merkmale sind:

1. Die Hemmung des Transports durch einen entgegenstehenden fremden Willen.
2. Der vorhandene Keim zu einem künftigen Totalschaden.

§ 17. a) Hemmung des Transports.

Die Hemmung des Transports setzt zweierlei voraus:

a) einen in die Erscheinung getretenen fremden Willen, gerichtet auf die Verhinderung der Fortsetzung des Transports,
b) die entscheidende Einwirkung dieses Willens auf den Transport im Sinne einer Hemmung desselben.

Eine solche entscheidende Einwirkung liegt nur vor, wenn die Unmöglichkeit besteht, das versicherte Unternehmen einem guten Ende zuzuführen.[1])

[1]) Daß die Unmöglichkeit der Fortsetzung der versicherten Reise der charakteristische Tatbestand, das wirtschaftlich entscheidende Moment ist, in allen denjenigen Fällen, wo die Zahlung der vollen Versicherungssumme trotz Nichteintrits eines Totalverlustes gefordert werden kann, hat bereits Poehls, Darstellung des „Gemeinen deutschen und des Hamburgischen Handelsrechts für Juristen und Kaufleute", Hamburg 1834 Band II S. 599/601 klar zum Ausdruck gebracht. Er erläutert die Bedeutung des Verlustes

Das ist wiederum nur der Fall, wenn der Versicherte eben infolge des entgegenstehenden fremden Willens nicht in der Lage sein würde, seinen auf die Fortsetzung des Transports gerichteten Willen in die Tat umzusetzen,

sei es, daß er seine in fremdem Gewahrsam befindliche Ware dem fremden Machtbereich nicht zu entziehen vermag,

sei es, daß er außerstande ist, gegen den fremden Willen über die Ware im Sinne einer Fortsetzung des Transports zu verfügen, ohne sich oder die Ware ernsten Gefahren, insbesondere die Ware der Gefahr eines fremden Zugriffs auszusetzen.

Ein Transport kann zum Stillstand gebracht, gehemmt sein entweder infolge unmittelbaren Zugriffs auf die Ware oder lediglich deshalb, weil keine Maßnahmen getroffen werden, um die Ware auf den Weg zu bringen, ihren Weitertransport zu veranlassen. Zum Abandon berechtigt aber keiner dieser Tatbestände für sich allein genommen, denn es liegt auf der Hand einerseits, daß der bloße Zugriff auf die Ware noch keineswegs den Weitertransport zu hindern braucht und ihn jedenfalls dann nicht hindert, wenn der Zugreifende von vornherein zur Freigabe bereit ist, und andererseits, daß die Gründe für das Unterbleiben irgendwelcher den Weitertransport veranlassender Maßnahmen verschiedenster Art sein können. Zum Abandonereignis wird der Stillstand des Transports durch seinen unmittelbaren ursächlichen Zusammenhang mit dem in die Erscheinung getretenen fremden Willen, die Fortsetzung des Transports nicht zu dulden. Daß die Vorstellung von den Ereignissen des § 116 A.S.V.B. als einer unfreiwilligen Unterbrechung des Transports auch den Gesetzgeber beherrscht hat, geht unzweideutig auch aus dem vom Gesetz beibehaltenen Ausdruck: „Anhaltung durch Verfügung von hoher Hand" hervor.[1]) Es kann daher

---

der versicherten Reise und erklärt ausdrücklich, daß kein Totalverlust — die Fälle des Abandon behandelt er unter dem Gesichtspunkt des konstruktiven Totalverlustes — vorhanden sei, „wo nicht die völlige Unmöglichkeit vorliegt, die Reise zu vollenden, ihren Zweck zu erreichen."

Im selben Sinne Makower Handelsgesetzbuch Berlin 1900 S. 264, der es aus dem oben (§ 10 S. 49) bekämpften Gedankengang heraus für unbillig erklärt, „den Versicherten bis ins Endlose hinzuhalten, nachdem vorläufig feststeht, daß durch den „Unfall der Zweck des Unternehmens, für welches er eine Versicherung genommen hat, nicht erreicht werden kann."

Alauzet a.a.O. S. 172: »Aucune règle précise n'est établie en Angleterre »pour les cas où il peut y avoir lieu au délaissement; la jurisprudence a admis »que l'abandon pourra être fait si le voyage est perdu, c'est-à-dire, si par suite »de quelques-uns des accidents maritimes que l'assurance doit garantir, l'objet »assuré ne peut parvenir à sa destination.«

[1]) Vgl. oben S. 46 f.

auch wohl kaum einem Zweifel unterliegen, daß es weniger die Bedeutung der Ereignisse des § 116 als einer Einschränkung der Verfügungsfreiheit des Versicherten, als vielmehr ihre Einwirkung auf den Fortgang des Unternehmens gewesen ist, die — abgesehen natürlich von dem Erfordernis des drohenden Totalverlustes — die gemeinsame Aufnahme der im übrigen recht verschiedenartigen Ereignisse in den § 116 veranlaßt hat.

Ob ein auf die Fortsetzung des Transports gerichteter Wille auf Seite des Versicherten vorlag, mit anderen Worten, ob der Versicherte beabsichtigte, über die Ware im Sinne der Fortsetzung des Transports zu verfügen, ist nicht wesentlich für die Entscheidung der Frage, ob der Tatbestand eines der Ereignisse des § 116 im Einzelfalle gegeben war[1])

Immer aber muß die Unmöglichkeit für den Versicherten, die Fortsetzung des Transports herbeizuführen, ihren inneren Grund, ihre wahre Ursache in dem entgegenstehenden fremden Willen haben, gleichgültig ob sich dieser lediglich in Form einer ausdrücklichen Willenserklärung (so beim Embargo) oder zugleich in Verbindung mit einem Zugriff auf die Ware äußert.

Nicht notwendig ist dagegen, daß der fremde Wille bereits eine Einwirkung auf die Entschließungen des Versicherten ausgeübt hat. Es genügt vielmehr, daß er geeignet ist, eine solche Einwirkung auszuüben, daß er auf einen etwa vorhandenen Willen solche Einwirkung notwendig ausüben muß. Ist dies der Fall, so ist die Fortsetzung des Transports praktisch unmöglich. Nicht darauf kommt es also — immer unter dem Gesichtspunkt des Vorliegens der Voraussetzungen eines der Ereignisse des § 116 — an, wie sich der Versicherte verhält, welche Maßnahmen er trifft, sondern ob für ihn die Möglichkeit bestimmter Maßnahmen noch besteht oder nicht. Das aber ist reine Tatfrage.[2])

Willenserklärungen, gleichgültig ob sie von privater Seite oder vom Staate ausgehen, insbesondere also Gesetze, Verordnungen und dergleichen, die lediglich auf die rechtliche Gestaltung der Dinge Einfluß üben, können daher für sich allein niemals den Abandon rechtfertigen, wenn nicht die praktische Unmöglichkeit des Weitertransports hinzutritt. Ein Gesetz, dessen Verletzung nicht geahndet wird, bleibt daher außer Betracht, ebenso ein Embargo, dessen Durchbrechung straflos erfolgen kann. Ist andererseits der Weitertransport der Ware durch einen tatsächlichen Zugriff vereitelt, so ist das Recht zum Abandon nicht deshalb zu verneinen, weil der Zugriff auf die Ware der gesetzlichen Grundlage entbehrt, etwa frühere die Beschlagnahme aussprechende Verfügungen aufgehoben sind.

---

[1]) Es kann dagegen von Bedeutung sein, unter dem Gesichtspunkt des mangelnden Interesses an dem Fortgang des Transports, darüber s. weiter unten S. 72.

[2]) Vgl. unten § 24 S. 87 ff.

§ 17.

Je nachdem man die äußeren Erscheinungsformen des der Fortsetzung des Transports entgegenstehenden fremden Willens oder aber seine Bedeutung für die Freiheit des Versicherten in seinen Entschließungen im Hinblick auf die Ware im Auge hat, wird man entweder von Anhaltung, Nehmung usw. oder aber davon reden, daß dem Versicherten die Verfügung über die Ware entzogen sei. Mit Recht wird daher die Verfügungsentziehung als ein wesentliches gemeinsames Tatbestandsmerkmal aller Ereignisse des § 116 Ziffer 2, und damit zugleich als eine grundlegende Voraussetzung für einen jeden Abandon nach § 116 Ziffer 2 bezeichnet,[1]) sofern darunter eben jene Einwirkung eines fremden Willens, jener Eingriff in die Machtsphäre des Versicherten verstanden wird, der ihm die freie Verfügung über die Ware nach einer bestimmten Richtung hin — Fortsetzung des Transports — verkümmert. „Verfügungsentziehung"

Die Verwendung des Begriffs der Verfügungsentziehung entspricht aber auch dem Bedürfnis nach einem zusammenfassenden Ausdruck für den Eintritt eines jeden der Ereignisse des § 116 Ziffer 2 und bietet rein sprachlich den Vorteil, nicht jedesmal, wenn von dem Eintritt der verschiedenen Ereignisse des § 116 Ziffer 2 die Rede ist, alle diese Ereignisse aufzählen zu müssen. Sie birgt aber andererseits, wie die Erfahrung gelehrt hat, auch eine Gefahr in sich. Denn sie verleitet gerade diejenigen Kreise, bei denen eine vertiefte Kenntnis von Wesen und Bedeutung der Bestimmungen der §§ 116 ff nicht vorausgesetzt werden kann, zu der oberflächlichen Schlußfolgerung, daß mit der „Entziehung der freien Verfügung" etwas viel Weitgehenderes gemeint sein müsse, als mit der bloßen Verfügungsentziehung. So konnte die Meinung aufkommen, als bedürfe es nur der Einschränkung der Verfügungsfreiheit des Versicherten nach irgend einer Richtung hin, um eine Entziehung der freien Verfügung annehmen zu können.

So unbestreitbar richtig nun an sich die Erwägung ist, daß jedes der Ereignisse des § 116 eine „Entziehung der freien Verfügung", eine Beschränkung der Verfügungsfreiheit nach einer ganz bestimmten Richtung hin in sich schließt, so unrichtig und irreführend wäre die Schlußfolgerung, daß jede Beschränkung der Verfügungsfreiheit den Versicherten zum Abandon berechtigen müsse. Umgekehrt! § 116 kennt solche Beschränkung der Machtbefugnisse des Versicherten nur als charakteristisches Tatbestandsmerkmal einiger bestimmter genau bezeichneter Ereignisse. Es genügt daher nicht, daß dem Versicherten die freie Verfügung entzogen sei, vielmehr rechtfertigt den Abandon nur eine solche Verfügungsentziehung, wie eine jede An-

[1]) Vgl. Voigt S. 633.

haltung usw. sie nach sich zu ziehen, mit sich zu bringen vermag.[1]) Hieraus ergibt sich, daß die Verfügungsentziehung, wenn anders sie den Abandon rechtfertigen soll, nach Ursache und Art ganz bestimmte Bedingungen erfüllen muß:

1. Die Verfügungsentziehung, auf die der Abandon gestützt wird, muß die notwendige Begleiterscheinung eben desjenigen Ereignisses sein, das der Versicherte für seinen Abandon in Anspruch nimmt. Dem wahren Sinn des § 116 würde es in keiner Weise entsprechen, wollte man den Abandon auch in Fällen zulassen, wo zwar eine Unmöglichkeit über die Ware zu verfügen, vorliegt, diese Unmöglichkeit aber jeden ursächlichen Zusammenhang mit einer früher oder später erfolgten „Anhaltung" usw. vermissen läßt.
2. Welcher Art muß die Verfügungsentziehung sein? Wie muß die Behinderung des Versicherten an der Verfügung über die Ware geartet sein, um den Abandon zu rechtfertigen?

Um auf diese Frage die richtige Antwort zu finden, insbesondere auch Mißdeutungen von vornherein auszuschließen, wie sie beispielsweise die Hamburger Kriegsklausel erfahren hat, ist „Verfügungsentziehung" zweckmäßig zu ersetzen durch Wegfall der Möglichkeit für den Versicherten, über den Gegenstand der Versicherung, bei der Güterversicherung also über die Ware, zu verfügen. Dann wird ohne weiteres klar, welcher Art die Einwirkung der Anhaltung usw. auf die Machtbefugnisse des Versicherten sein muß, um den Abandon des Güterversicherten zu rechtfertigen.

1. Der Wegfall der Möglichkeit, über die Ware zu verfügen braucht nicht darin zu bestehen, daß der Versicherte aller Verfügungsmöglichkeiten beraubt ist, daß für ihn alle Verfügungsmöglichkeiten entfallen sind. Ist es z. B. dem Versicherten unbenommen, die durch Verfügung von hoher Hand angehaltene, unter Zollverschluß lagernde Ware neu zu verpacken oder umzulagern, so wird niemand auf den Gedanken kommen, wegen dieser dem Versicherten belassenen Verfügungsmöglichkeit die Anhaltung durch Verfügung von hoher Hand, das Abandonereignis zu bestreiten. Nichts wäre daher verkehrter als die Folgerung: so lange der Versicherte noch in der Lage

[1]) Mit Unrecht hat man daher aus dem Umstande, daß die Hamburger Kriegsklausel in ihrer Abänderung der Fristbestimmung von dem Augenblick der Entziehung der freien Verfügung spricht, den Schluß gezogen, daß nunmehr für die Berechtigung zum Abandon nicht mehr der Eintritt eines der Ereignisse des § 116, vielmehr statt dessen der Eintritt des Moments der Entziehung der freien Verfügung entscheidend sei. (Vergl. unten § 20.)

ist, nach irgendeiner Richtung hin über die Ware zu verfügen, liegt ein Verfügungsentziehung und damit eine wesentliche Abandonvoraussetzung nicht vor. Ebensowenig aber wie der Wegfall aller Verfügungsmöglichkeiten gefordert wird, genügt der Fortfall irgendeiner beliebigen einzelnen Verfügungsmöglichkeit zur Rechtfertigung des Abandon.[1]) Wo beispielsweise der Versicherte aus irgendeinem Grunde nicht in der Lage war, die ander- weitige Einlagerung seiner Ware herbeizuführen oder aber durch Handelsverbot oder sonstige erschwerende Bestimmungen lediglich an dem Verkauf der Ware behindert wurde, ist in solcher Behinderung noch zu keiner Zeit ein selbständiger Abandongrund erblickt worden. Die entscheidende Fr age kann daher nur dahin lauten:

Welcher Art müssen die Verfügungen sein, deren Unmöglichkeit den Versicherten zum Abandon berechtigt?

Auch hierauf ist die Antwort, wenn auch nicht dem § 116 unmittelbar zu entnehmen, so doch nur im engsten Anschluß an Wortlaut und Sinn des § 116 A.S.V.B. zu finden.

Geht man von der bereits oben getroffenen Feststellung aus, daß die Verfügungsentziehung, der Wegfall bestimmter Verfügungsmöglichkeiten, niemals selbständig und unabhängig für sich eintritt, daher auch kein **selbständiges** Tatbestandsmerkmal des § 116 ist, vielmehr als notwendige Begleiterscheinung und zugleich als Kehrseite der Ereignisse des § 116 mit diesen Ereignissen steht und fällt, so ergibt sich für die nähere Umgrenzung der für den Abandon in Frage kommenden Verfügungsmöglichkeiten mit Bestimmtheit zunächst das eine, daß zwischen der weggefallenen Verfügungsmöglichkeit, auf die sich der Abandon stützt, und dem Eintritt des Ereignisses, auf den sich der Versicherte beruft, ein ganz bestimmter Zusammenhang bestehen muß. Welcher Art aber wiederum dieser Zusammenhang sein muß, folgt gleichfalls zwingend aus der Bedeutung des § 116. Der Wegfall der Verfügungsmöglichkeit muß derjenigen unmittelbaren oder mittelbaren Einwirkung auf die Ware entsprechen, die für die Annahme einer Anhaltung oder sonst eines Ereignisses des § 116 charakteristisch und entscheidend ist. Das ergibt sich zwingend aus dem Charakter der Verfügungsentziehung als notwendigem Inhalt des eigentlichen Ereignisses, vom Standpunkt des Versicherten aus betrachtet, aus der Unselbständigkeit dieser Voraussetzung des Abandon, ihrer unbedingten Abhängigkeit von dem eingetretenen Ereignis.

Charakteristisch für die Anhaltung usw., entscheidend für die Annahme

[1]) Gegen die Deutung der „Entziehung der freien Verfügung" in der Hamburger Kriegsklausel in diesem Sinne siehe unten § 28.

einer solchen ist aber, wie bereits oben[1]) ausgeführt, eine ganz bestimmte Einwirkung auf die Ware, nämlich die Hemmung ihrer Weiterbeförderung an den Bestimmungsort, gleichgültig ob sich die Ware oder das Schiff im Verlauf der Reise gerade im Hafen befindet oder auf hoher See.

So ergibt sich auf die Frage, welcher Art die Verfügungsmöglichkeiten sein müssen, deren Fortfall zum Abandon berechtigt, von selbst die Antwort:

> Um den Abandon nach § 116 Ziffer 2 A.S.V.B. zu rechtfertigen, muß der Versicherte durch eines der Ereignisse des § 116 in die Unmöglichkeit versetzt sein, über die Ware im Sinne einer Fortsetzung des versicherten Transports zu verfügen.

Das Interesse des Versicherten an der Vornahme der unmöglich gewordenen Verfügung.

Zu demselben Ergebnis führt aber auch folgende Erwägung:

Steht auch nur fest, daß der Wegfall nur eines bestimmten Kreises von Verfügungsmöglichkeiten in Betracht zu ziehen, mit anderen Worten, daß der Charakter der einzelnen Verfügungen für die Bewertung ihres Wegfalles ausschlaggebend ist, so ist die entscheidende Aufgabe offenbar die, einen Maßstab für die Bewertung der einzelnen Verfügungsmöglichkeiten zu finden. Die Auffindung dieses Maßstabes kann besondere Schwierigkeiten nicht bereiten, wofern nur Zweck und Grundgedanke der Bestimmung des § 116 A.S.V.B. im Auge behalten werden. Der Abandon ist ein im ausgesprochenen Interesse des Versicherten in das Seeversicherungsrecht aufgenommener Rechtsbehelf. Er soll dem Versicherten den Schutz seiner Interessen auch dann gewährleisten, wenn zwar ein nach dem Vertrage zu erstattender Schaden noch nicht eingetreten ist, die Voraussetzungen eines solchen noch nicht sämtlich erfüllt sind, der Eintritt eines den Anspruch auf die volle Versicherungssumme gewährenden Schadens jedoch unabwendbar erscheint. Wird sonach das Institut des Abandon von dem Gedanken an die Interessen des Versicherten beherrscht, so wird man auch nicht fehlgehen, wenn man den Maßstab für die Wertung der einzelnen Verfügungsmöglichkeiten in erster Linie in dem Interesse sucht, das der Versicherte an ihnen hat.

I. Es scheiden alsdann zunächst alle Verfügungsmöglichkeiten aus, die für den Versicherten ohne Interesse sind, z.B. die Möglichkeit des Rücktransports oder des Verkaufs einer ausschließlich für Übersee aufgemachten Ware, die in Europa keinen Markt hat; d. h. also: auf die Unmöglichkeit über die Ware im Sinne eines Rücktransports oder eines Verkaufs zu verfügen, darf sich der Versicherte zur Begründung des Abandon, von anderen Gründen abgesehen, schon deshalb nicht berufen, weil er an der Vornahme der Verfügung keinerlei Interesse hat. Wertvolle Anzeichen dafür, ob auf Seiten des Versicherten ein Interesse an der Vornahme dieser oder jener Verfügung vorhanden war, werden stets dem eigenen Verhalten des Ver-

[1]) § 15 S. 60/61.

sicherten gegenüber einer ihm sich bietenden Verfügungsmöglichkeit zu entnehmen sein. Bot sich z. B. dem Versicherten die Möglichkeit, die Ware zu verkaufen, und machte er hiervon keinen Gebrauch, so wird man mit Recht daraus schließen, daß er an dem Verkauf kein Interesse hatte, und ihm folgerichtig kein Gehör schenken, wenn er sich späterhin zur Begründung seiner Abandonerklärung auf den Wegfall eben dieser Verfügungsmöglichkeit beruft.

Das fehlende Interesse an der entfallenden Verfügungsmöglichkeit steht der Geltendmachung des Abandon selbst dann im Wege, wenn der Versicherte der Möglichkeit beraubt ist, über die Ware im Sinne eines Weitertransports an den Bestimmungsort zu verfügen. Hat z. B. der Versicherte keinerlei Interesse mehr daran, daß die Ware den Bestimmungsort erreicht etwa weil bei ihrer hochgradigen Verderblichkeit mit Bestimmtheit anzunehmen ist, daß sie bereits eine so starke Wertverminderung durch Eigenverderb erlitten hat, daß sich der Weitertransport nicht lohnt, so ist er schon mangels jeden Interesses am Weitertransport zum Abandon auch dann nicht berechtigt, wenn die Fortsetzung der Reise durch eines der Ereignisse des § 116 A.S.V.B. unmöglich gemacht ist.

II. Scheiden sonach alle Verfügungen ohne weiteres aus, an denen der Versicherte kein Interesse hat, so bleibt weiter zu prüfen, ob jede Verfügung an der der Versicherte ein Interesse hat, in Betracht zu ziehen ist, oder aber aus der großen Zahl dieser Verfügungen wiederum ein bestimmter Kreis abgesondert werden muß, der allein Berücksichtigung zu beanspruchen hat.

1. Daß nicht jede im Interesse des Versicherten gelegene Verfügung Berücksichtigung verdient, ist bereits oben[1]) angedeutet worden und ergibt sich schon aus den dort erörterten Anforderungen, die an eine Verfügung zu stellen sind, wenn anders ihre Vereitelung den Abandon begründen soll.

2. Welches sind nun aber die Voraussetzungen, die erfüllt sein müssen, damit das Unmöglichwerden einer bestimmten im Interesse des Versicherten gelegenen Verfügung als Abandonvoraussetzung anerkannt werde?

a) Eine dieser Voraussetzungen ist bereits oben[2]) erörtert worden: Das Unmöglichwerden der betreffenden Verfügung muß auf den Eintritt eines der Ereignisse des § 116 zurückzuführen sein, mit anderen Worten: nur solche Verfügungen sind zu berücksichtigen, deren Wegfall unmittelbar durch das betreffende Ereignis herbeigeführt ist.

b) Indessen auch nicht in der Unmöglichkeit einer jeden durch die Anhaltung usw. vereitelten Verfügung gründet sich nach dem Gedankengang des § 116 die innere Berechtigung zum Abandon. Wo eine Anhaltung usw. stattgefunden hat, ist der Versicherte nicht deshalb zum Abandon be-

[1]) S. 70 ff. [2]) S. 71 f.

rechtigt, weil die Anhaltung zugleich eine Reihe von Verfügungen nebensächlicher Art unmöglich macht. Die Erwägung allein, daß der Versicherte beispielsweise außerstande gesetzt ist, die Verpackung der Ware einer Prüfung oder Ausbesserung zu unterziehen, bleibt, darüber kann kein Zweifel sein, trotz des erheblichen Interesses, das der Versicherte daran haben kann, ganz ohne jeden Einfluß auf die Gewährung oder Nichtgewährung des Abandonrechts. Es folgt daraus, daß, wenn der Wegfall einer Verfügungsmöglichkeit Abandongrund sein soll, der Versicherte an der unmöglich gewordenen Verfügung ein ganz besonders hervorragendes Interesse gehabt haben muß. In welcher Richtung aber dieses hervorragende Interesse zu suchen sein wird, ergibt die einfache Erwägung, daß der Sinn einer jeden Seeversicherung eben der ist, den Versicherten vor dem Schaden zu bewahren, der ihm aus dem Scheitern des versicherten Unternehmens erwachsen sein würde. Für den Güterversicherten scheitert das versicherte Unternehmen, wenn die Ware den Bestimmungsort nicht erreicht. Sein Interesse konzentriert sich daher auf Beginn und Verlauf des Transports. Der glückliche Fortgang der Seereise ist dasjenige Moment, hinter welchem alle anderen Interessen des Versicherten zurücktreten.

Es ergibt sich daraus auf das zwangloseste, daß der Wegfall eben derjenigen Verfügungsmöglichkeiten den Versicherten am schwersten treffen wird, von denen ein ungehinderter Fortgang der versicherten Reise abhängt.

So führt auch diese Erwägung notwendigerweise zu dem Schluß, daß mit der Zulassung des Abandonrechts in Gestalt der Vorschrift des § 116 die Interessen des Versicherten gerade in den Fällen in besonderer Weise geschützt werden sollten, wo die Einschränkung seiner Verfügungsfreiheit ihn um deswillen besonders schwer treffen mußte, weil sie die Vereitelung eben derjenigen Verfügungen bedeutete, die allein einen Fortgang des versicherten Unternehmens gewährleisteten. Auch von hieraus bestätigt sich somit der Satz, daß eine „Verfügungsentziehung" zum Abandon nur dann berechtigt, wenn sie für den Versicherten den Wegfall der Möglichkeit bedeutet, die für die Fortsetzung des Transports erforderlichen Maßnahmen zu treffen. Mit anderen Worten: § 116 Ziffer 2 gewährt dem Versicherten nur dann das Recht zum Abandon, wenn der Versicherte durch eines der Ereignisse des § 116 Ziffer 2 in die Unmöglichkeit versetzt ist, diejenigen Verfügungen zu treffen, die erforderlich sind, um das versicherte Unternehmen — bei der Güterversicherung also den Transport der Ware an den Bestimmungsort — zu einem glücklichen Ende zu führen. Damit ist aber zugleich auch der richtige Ausgangspunkt für die Entscheidung aller derjenigen Fälle gewonnen, wo zwar der Weitertransport der Ware unmöglich ist, dagegen dem Versicherten freisteht, in anderer Weise

z. B. durch Verkauf oder Rücktransport über die Ware zu verfügen. Das Bestehenbleiben dieser oder jener Verfügungsmöglichkeit schließt für sich allein betrachtet den Abandon in keiner Weise aus. Es genügt die Unmöglichkeit, die Fortsetzung des Transports herbeizuführen, als ursächliche Folge der „Anhaltung" usw., mögen im übrigen noch so zahlreiche und so verschiedenartige Verfügungsmöglichkeiten offen stehen. Verfehlt wäre daher im gegebenen Falle die Folgerung: weil der Ladungsinteressent die Ware noch verkaufen oder gar nach Deutschland hereinbekommen kann, ist ihm die „Verfügung nicht entzogen", ein Abandon daher nicht gegeben. Richtig dagegen der Schluß: die Möglichkeit, über die Ware durch Verkauf oder Rücktransport zu verfügen, vermag nichts an der Tatsache zu ändern, daß der Versicherte außerstande ist, durch eigene Maßnahmen die Fortsetzung des Transports an den Bestimmungsort zu veranlassen und sich dadurch der Möglichkeit beraubt sieht, die für ihn wichtigste und notwendigste aller Verfügungen zu treffen. Damit ist eine „Verfügungsentziehung" eben der Art, wie sie § 116 voraussetzt, in der Tat gegeben. Zum Abandon berechtigt indes diese „Verfügungsentziehung" nicht, weil es, wo dem Versicherten unbenommen ist, die Ware zu verkaufen oder nach Deutschland zu verbringen, an dem weiteren Tatbestandsmerkmal des drohenden Totalverlustes fehlt. Ferner: wenn eine Verfügung von hoher Hand etwa um deswillen keine anderen Folgen hat, als daß sie den Verkauf der Ware unmöglich macht, weil andere einschneidendere Verfügungsbeschränkungen, namentlich also die Verhinderung der Fortsetzung des Transports schon auf Grund anderer Ereignisse vorher eingetreten sind — das Schiff ist infolge des Weltkrieges am Auslaufen verhindert — so liegt eine Verfügungsentziehung, wie sie § 116 als nächste unmittelbare Folge der Verfügung von hoher Hand fordert, nicht vor und ein Abandongrund ist folgerichtig nicht gegeben.

2. Sämtlichen Ereignissen des § 116 Ziffer 2 ist ferner gemeinsam, daß sie, ohne den Eintritt eines Schadens, eine wirkliche Schädigung, zu bedeuten, dennoch von vornherein den Keim zu einem künftigen Totalschaden in sich tragen, in ihrer Weiterentwickelung zu einem Totalverlust führen können; so die Anhaltung zur Kondemnation. Dieser Totalverlust, der sich aus allen Ereignissen des § 116 heraus entwickeln kann, weist überdies die Besonderheit auf, daß er eben in dem Ausscheiden des versicherten Gegenstandes aus dem Vermögen des Versicherten besteht, nicht in einer physischen Veränderung desselben. Man hat versucht, diesen Gegensatz zweier verschiedener Schadensarten zum Ausdruck zu bringen, indem man dem Sachverlust (z. B. Untergang des Schiffes durch Schiffbruch, der Ware durch Eigenverderb) den Rechtsverlust gegenüberstellte. Diese Wahl der Ausdrücke ist indessen wenig glücklich, denn der versicherte Vermögenswert

§ 18.
b) Aussicht auf Totalverlust.

kann in einer Sache (z. B. Schiff) oder in einem Recht (z. B. Frachtforderung) bestehen. Beides faßt das Gesetz unter „Gegenstand" zusammen. Mit der versicherten Sache selbst erfaßt die Versicherung stets auch die Rechte an ihr. Mit der Sache gehen daher auch die Rechte an ihr, insbesondere das Eigentum, verloren. Sachverlust ist also stets zugleich auch Rechtsverlust.

Gemeinsam ist nun sämtlichen Ereignissen des § 116, daß der Totalverlust, zu dem sich ein jedes dieser Ereignisse entwickeln kann, eben in einem Verlust des vollen Wertes des Gegenstandes der Versicherung besteht, herbeigeführt dadurch, daß sich ein Dritter denselben aneignet, womit der Versicherte stets des durch den Gegenstand dargestellten Vermögenswertes, bisweilen auch seines Eigentumsrechts, verlustig geht. Letzteres ist regelmäßig der Fall, wenn Schiff oder Güter kondemniert werden, nicht dagegen bei rechtswidriger Aneignung durch Seeräuber. Man hat, um das Charakteristische der Ereignisse des § 116 Ziffer 2 gegenüber anderen möglichen Abandonereignissen hervorzuheben, in den Fällen des § 116 Ziffer 2 von einer Rechtsgefährdung im Gegensatz zu einer „Sachgefährdung", einer „Gefährdung des Versicherungsguts in seiner faktischen Existenz und Integrität" geredet.[1]) Mit der Aufstellung dieser Begriffe, von denen die „Rechtsgefährdung" aus den gleichen Gründen wie der „Rechtsverlust" abzulehnen ist, ist indessen jedenfalls für die praktische Rechtsanwendung wenig gewonnen.

Von hervorragender praktischer Bedeutung dagegen ist der für alle Ereignisse des § 116 Ziffer 2 zutreffende Satz, daß — im Gegensatz zum ausländischen, namentlich zum französischen Recht — nur bestimmte Tatsachen, von denen erfahrungsgemäß eine Gefährdung des versicherten Gegenstandes zu erwarten ist,[2]) als Abandonereignis anerkannt werden, niemals aber ein tatsächlicher Verlust, eine Wertverminderung etwa durch Beschädigung oder Eigenverderb, gleichgültig um welchen Prozentsatz die Ware entwertet ist. Der Tatbestand, an den sich völlig unabhängig davon, ob ein Schaden eingetreten ist oder nicht, der Anspruch des Versicherten auf Zahlung der vollen

[1]) So Bewer a.a.O. S. 381.

[2]) Bewer S. 417 spricht von „Gefährdungstatsachen". Diese Bezeichnung ist indessen insofern wenig glücklich, als sie zu der Auffassung verleitet, als bedeute eben der Eintritt der Tatsache bereits die Gefährdung, von der § 116 das Recht zum Abandon abhängig macht — eine Auffassung, die noch weiter unten zu widerlegen sein wird. — Richtiger Ansicht nach berechtigen die sogenannten Gefährdungstatsachen zum Abandon erst dann, wenn sie im Einzelfalle den Gegenstand der Versicherung tatsächlich gefährden. Dies braucht allerdings keineswegs notwendig der Fall zu sein. So liegt eine Gefährdung z. B., nicht vor, wenn zwar die Ware durch Verfügung von hoher Hand angehalten, jedoch volle Gewähr dafür geboten ist, daß sie zu einem bestimmten Zeitpunkt dem Versicherten zurückgegeben werden wird.

Versicherungssumme knüpft, ist die Betätigung eines auf die Verhinderung der Reise, des Transports, gerichteten fremden Willens einerseits und der Stillstand des Transports infolge dieser Willensbetätigung, andererseits. Dieser Tatbestand kehrt bei sämtlichen Ereignissen des § 116 Ziffer 2, wenn auch in verschiedenen Erscheinungsformen, wieder.

II. Die Nichtfreigabe binnen bestimmter Frist.

Die Anhaltung durch Verfügung von hoher Hand, die Nehmung durch Seeräuber, berechtigen indessen für sich allein genommen den Versicherten noch nicht zum Abandon. Es muß vielmehr der weitere Umstand hinzutreten, daß die Güter während einer bestimmten Frist nicht wieder freigegeben worden sind.

§ 19.

1. Begriff derselben.

Zu dem Eintritt eines der Ereignisse des § 116 gesellt sich mithin als weiteres wichtiges Tatbestandsmerkmal die „Nichtfreigabe" binnen bestimmter Frist.

Freigabe bedeutet im Zusammenhang mit der Anhaltung durch Verfügung von hoher Hand und Nehmung durch Seeräuber die Aufhebung eben der durch diese Ereignisse herbeigeführten Wirkungen.

Nichtfreigabe sonach: Nichtbeseitigung, mithin Fortdauer dieser oben des näheren dargelegten Wirkungen, d. h. also, die Fortdauer der Einwirkung auf die Ware einerseits und auf die tatsächlichen Machtbefugnisse des Versicherten andererseits.

Wie nun einerseits nur solche Ereignisse als Abandonereignis, also z. B. nur solche Verfügungen von hoher Hand als Anhaltung im Sinne des § 116 anzuerkennen sind, die eine Fortsetzung des Transports verhindern, so ist auch andererseits eine Freigabe nur dann als erfolgt zu betrachten, wenn alle durch das betreffende Ereignis, z. B. die Verfügung von hoher Hand der Fortsetzung des Transports der Ware an den Bestimmungsort in den Weg gelegten Hemmnisse in Fortfall gekommen sind, so daß der Transport seinen Fortgang nehmen kann. Die Ware ist daher im Sinne des § 116 selbst dann noch nicht „freigegeben", wenn zwar die Unmöglichkeit des Weitertransports an den Bestimmungsort fortbesteht, im übrigen aber noch vor Ablauf der Frist des § 116 dem Versicherten sich eine Möglichkeit bietet, über die Ware in anderer Weise als durch den Weitertransport an den Bestimmungsort zu verfügen, z. B. durch Rücktransport an den Abladeplatz, Verkauf an Ort und Stelle usw.

Wenn dennoch auch in solchen Fällen der Abandon nicht gegeben ist, so hat das seinen Grund darin, daß § 116 A.S.V.B. das Abandonrecht davon abhängig macht, daß Anhaltung sowohl wie Nichtfreigabe den versicherten Gegenstand bedrohen, d. h. die dringende Gefahr des Totalverlustes in sich schließen. Denn in dem Augenblick, wo sich dem Versicherten wieder die Möglichkeit bietet, nicht nur überhaupt an die

Ware heranzukommen, sondern sie auch, sei es zum Verkauf, sei es ganz wieder an sich zu nehmen, entfällt das Erfordernis der Bedrohung und damit das Recht zu abandonieren.

§ 20. Die Frist. a) Die Bedeutung der Fristbestimmung des § 116 A.S.V.B.

Die Frist von sechs, neun oder zwölf Monaten, innerhalb welcher die Einwirkung des Abonereignisses fortgedauert haben muß, wird zufolge § 116 „von dem Tage an berechnet, an welchem dem Versicherer der Unfall durch den Versicherten angezeigt ist (§ 65 Absatz 1)". Was es aber mit dieser Unfallsanzeige auf sich hat, wird durch die Verweisung auf die grundsätzliche Vorschrift des § 65 klargestellt, deren hier interessierender erster Absatz besagt:

„Jeder Unfall muß, sobald der Versicherungsnehmer oder der Ver-
„sicherte, wenn dieser von der Versicherung Kenntnis hat, Nachricht
„von demselben erhält, dem Versicherer angezeigt werden, widrigen-
„falls der Versicherer befugt ist, von der Entschädigungssumme den
„Betrag abzuziehen, um welchen dieselbe bei rechtzeitiger Anzeige
„sich gemindert hätte."

Jede Anzeige im Sinne des § 65 A.S.V.B. setzt danach voraus, daß der Versicherte Nachricht von einem Unfall erhalten hat. Da nun § 116 A.S.V.B. den Anspruch auf Zahlung der vollen Versicherungssumme unabhängig von einem erlittenen Schaden gewährt, so kann im Falle des § 116 A.S.V.B. „Unfall" im Sinne des § 65 A.S.V.B. nur den Eintritt des Abandonereignisses bedeuten.

Für den Güterversicherten liegt, wie oben[1]) dargelegt, ein Abandonereignis im Sinne des § 116 Ziffer 2 A.S.V.B. nur vor, wenn die Güter von einem Abandonereignis betroffen, also durch Verfügung von hoher Hand angehalten oder durch Seeräuber genommen sind. Eine ordnungsmäßige Unfallsanzeige des Güterversicherten im Sinne des § 116 A.S.V.B. ist daher nur dann erfolgt, wenn dem Versicherer mitgeteilt ist, daß die versicherten Güter durch ein Embargo betroffen, von einer kriegführenden Macht aufgebracht, auf andere Weise durch Verfügung von hoher Hand angehalten oder durch Seeräuber genommen sind. Sonach ist für die Güterversicherung als Unfallsanzeige im Sinne des § 116 A.S.V.B. nicht anzuerkennen die Mitteilung, daß das Schiff mit Embargo belegt,[2]) durch Verfügung von hoher Hand angehalten[3]) oder durch Seeräuber genommen[4]) sei, wohl aber die Anzeige von der erfolgten Aufbringung des Schiffes, mit dem die Güter verladen waren, da die Aufbringung des Schiffes stets auch eine Anhaltung der auf dem Schiff geladenen Güter in sich schließt.[5])

[1]) § 12. [2]) § 13.
[3]) § 15. [4]) § 16.
[5]) Darüber s. § 14.

§ 20.

Auf einen Fall der Abänderung der Fristbestimmung durch die Praxis soll hier wegen der grundlegenden Bedeutung der daran sich knüpfenden Fragen kurz eingegangen werden. Die Hamburger Kriegsklausel[1]) bestimmt in ihrem letzten Absatz: b) Änderung durch die Hamburger Kriegsklausel.

> „§ 116 wird dahin geändert, daß an Stelle der dort sub. 2 bestimmten „Fristen eine Frist von 2 Monaten gesetzt wird, gerechnet von dem „Tage, an welchem dem Versicherer die Anzeige gemacht ist, daß die „freie Verfügung über das versicherte Interesse dem Versicherer „entzogen ist."

Diese Bestimmung weist gegenüber dem § 116 A.S.V.B. eine Änderung auf:

1. in der Dauer der Frist, innerhalb welcher die Einwirkungen des Abandonereignisses fortbestanden haben müssen,
2. in der Bezeichnung des Gegenstandes der Anzeige an den Versicherer.

In letzterer Beziehung entsteht die Frage, ob durch die in der Kriegsklausel gewählte Bezeichnung an dem Grundsatz des § 116, daß die Anzeige sich auf den Eintritt des Abandonereignisses zu beziehen hat, irgendetwas geändert ist oder auch nur hat geändert werden sollen. Die Antwort auf diese Frage ergibt sich aus dem oben[2]) des Näheren dargelegten Begriff und Wesen der Verfügungsentziehung. Die Verfügungsentziehung tritt als bloßes Begriffsmerkmal eines jeden Abandonereignisses niemals für sich allein und selbständig, sondern stets nur als Folgeerscheinung eines bestimmten Ereignisses auf. Schon daraus folgt, daß die Anzeige des Versicherten, die sich auf die Mitteilung beschränken würde, daß ihm die freie Verfügung über das versicherte Interesse entzogen sei, etwas an sich widersinniges wäre. Denn ihren im Verhältnis der Versicherungsparteien zu einander allein entscheidenden Inhalt erhält eine solche Anzeige erst durch die Angabe der tatsächlichen Umstände, auf denen die Verfügungsentziehung beruht. Ja, man wird billig bezweifeln dürfen, daß ein Fall der Anzeige des Wegfalles dieser oder jener Verfügungsmöglichkeit ohne gleichzeitige Mitteilung der diese „Verfügungsentziehung" zeitigenden Geschehnisse praktisch überhaupt möglich und denkbar ist. In der Tat wird sich die Anzeige des Versicherten niemals auf die Mitteilung beschränken können, daß ihm die freie Verfügung über das versicherte Interesse entzogen sei. Sie wird vielmehr die Angabe enthalten müssen, wodurch dies geschehen. Dies folgt bereits aus der Erwägung, daß der Versicherer aus der Anzeige zum mindesten muß entnehmen können, ob ein zu seiner Verantwortung stehender Tatbestand, ein Ereignis vorliegt, für dessen Folgen er haftet. Es ergibt sonach die Untersuchung der die Fristbestimmung des § 116 abändernden Vorschrift der

[1]) Anhang Nr. 21. [2]) § 17 S. 69 ff.

Hamburger Kriegsklausel, daß auf die nach § 116 erforderliche Anzeige von dem Eintritt eines bestimmten Ereignisses nicht hat Verzicht geleistet werden sollen und daß infolgedessen die Hamburger Kriegsklausel eine Auslegung nur nach der Richtung hin zuläßt, daß man an der Notwendigkeit der Anzeige des Abandonereignisses nichts hat ändern wollen, vielmehr lediglich, um den Eintritt der verschiedenen Abandonereignisse unter einer für sie alle zutreffenden Bezeichnung zusammenzufassen, sich der ihnen allen gemeinsamen Folgeerscheinung der Verfügungsentziehung bedient hat. Bei der Güterversicherung ist dem Versicherten die freie Verfügung über das versicherte Interesse — nämlich über die Güter — entzogen, wenn die Güter von einem der Abandonereignisse des § 116 betroffen sind. Erst die Anzeige hiervon ist daher eine ordnungsmäßige Anzeige auch im Sinne der Kriegsklausel. Mitteilungen an den Versicherer von dem Schicksal des Schiffes erfüllen nur dann die Voraussetzungen der Anzeige im Sinne der Kriegsklausel, wenn sie zugleich erkennen lassen, daß auch die Güter von einem der Abandonereignisse des § 116 betroffen sind. Jeder Versuch auf Grund der Bestimmung der Kriegsklausel, den Zeitpunkt für den Beginn des Fristenlaufes abweichend vom § 116 zu fixieren, muß daran scheitern, daß der Wegfall einer einzelnen Verfügungsmöglichkeit niemals selbständiges Ereignis, sondern stets nur ein Begriffsmerkmal, eine Folgeerscheinung eines bestimmten Ereignisses ist, und ferner an der Unmöglichkeit der klaren Abgrenzung des Begriffs der Entziehung der freien Verfügung einerseits und der näheren Bestimmung andererseits, welche Verfügungsmöglichkeiten entfallen sein müssen, um die Annahme einer „Entziehung der freien Verfügung" zu rechtfertigen.

Es erschien angebracht, auf diese Zusammenhänge näher einzugehen, da sich die Rechtsprechung mit der Fristbestimmung der Hamburger Kriegsklausel bereits befaßt und ihr eine Bedeutung beigelegt hat, die aus dem Zusammenhange der Dinge nicht zu rechtfertigen ist. So hat das Landgericht Hamburg in einer Entscheidung vom 20. Februar 1917[1]) aus den Worten der Kriegsklausel: „daß die freie Verfügung über das versicherte Interesse dem Versicherten entzogen ist" gefolgert, daß zur Rechtfertigung des Abandon nun nicht mehr der Eintritt eines der Ereignisse des § 116 und die Fortdauer seiner Wirkungen, sondern lediglich die Entziehung der freien Verfügung gefordert werde, so daß der Abandongrund bereits in dem Augenblick vorliege, wo für den Versicherten die Möglichkeit wegfalle, über seine Ware frei zu verfügen. Im Sinne dieser Auslegung würden die Abandonereignisse des § 116 durch ein neues selbständiges Abandonereignis — die Entziehung der freien Verfügung — ersetzt und der Abandon fortab schon

[1]) In Sachen Illies & Co. gegen die Norddeutsche Versicherungs-Gesellschaft.

beim Wegfall einer beliebigen Verfügungsmöglichkeit zu gewähren sein. Damit wird in die Kriegsklausel ein Sinn hineingetragen, der ihr — daran kann kein Zweifel sein — niemals hat beigelegt werden sollen. Auch wird die betreffende Bestimmung der Kriegsklausel, die ausgesprochenermaßen nichts weiter bezweckte, als die Ersetzung der Fristen des § 116 durch eine kürzere Frist, zum Anlaß einer nie dagewesenen Ausdehnung der Abandonmöglichkeit genommen, wie sie nicht nur den Grundgedanken des § 116[1]) zuwiderläuft, sondern auch zweifellos weder von den Versicherern noch von den Versicherten jemals ins Auge gefaßt worden ist.

Aus der oben[2]) gegebenen Auslegung des § 116 dahin, daß der Güterversicherte nur dann zum Abandon berechtigt ist, wenn die Güter dadurch bedroht sind, daß sie ..... angehalten sind, folgt zweierlei: III. Das Erfordernis der „Bedrohung".

1. Den Güterversicherten berechtigt zum Abandon nur ein Ereignis, das die versicherten Güter selbst betroffen hat.
2. Der Eintritt dieses Ereignisses und das Fortbestehen seiner Wirkungen muß zugleich eine Gefährdung der Güter — eine „Bedrohung" mit sich bringen, in sich schließen.

Nachdem die erste Folge in ihrer Tragweite im Vorstehenden einer Kritik unterzogen worden ist, bleibt nunmehr noch auf die zweite Folge der „Bedrohung" einzugehen. § 21. 1) Die Bedrohung, ein selbständiges Tatbestandsmerkmal.

Die Wahl der Ausdrucksweise „dadurch bedroht .... daß" ist keine zufällige, sie beruht auch nicht etwa auf stilistischen Rücksichten. Es wäre daher verfehlt, die Worte „wenn der Gegenstand der Versicherung dadurch bedroht ist, daß" dem Sinne nach mit „dadurch betroffen ist, daß" gleichzusetzen und daraus zu folgern, daß eine „Bedrohung als selbständiges Tatbestandsmerkmal nicht gefordert werde, da jedes der Ereignisse des § 116 bereits an und für sich das Moment der Bedrohung, der Wahrscheinlichkeit des Totalverlustes in sich schließe. Die Gefährdung des versicherten Gegenstandes, seine Bedrohung mit Totalverlust, ist vielmehr in der Tat ein selbständiges Tatbestandsmerkmal des Abandon. Wiewohl aus der Entstehungsgeschichte des Abandon unwiderleglich hervorgeht, daß der Abandon eben aus dem Moment des drohenden Totalverlustes seine Daseinsberechtigung herleitet, dem Gedanken hieran seine Entstehung verdankt, so begegnet man doch immer wieder der Auffassung, als genüge die bloße Tatsache der Anhaltung, Aufbringung usw., um den Abandon zu rechtfertigen. Diese Auffassung ist auch gerade während des Weltkrieges von den Versicherten für sich in Anspruch genommen worden, wo auf Grund des § 116 A.S.V.B.

[1]) Hemmung des Transports, mithin Wegfall einer ganz bestimmten wertvollen Verfügungsmöglichkeit (§ 17 oben S. 66 ff.).

[2]) § 12.

abandoniert wurde. Richtig ist, daß eine Anhaltung, Aufbringung usw. in der Regel zugleich die Bedrohung des Gegenstandes der Versicherung mit Totalverlust in sich schließen wird. Falsch aber ist es, daraus den Satz herzuleiten, daß eben die Tatsache der Anhaltung usw. zum Abandon genüge. Diese Folgerung entbehrt jeder Begründung, sie ist ein offenbarer Fehlschluß, denn die Erfahrung lehrt, daß keineswegs jede Anhaltung notwendig die Befürchtung des Totalverlustes mit sich bringt, daß vielmehr eine Anhaltung, ein Embargo usw. sehr wohl ohne Gefährdung des versicherten Gegenstandes möglich ist, so z. B. wenn von vornherein feststeht, daß es dem Anhaltenden nicht darum zu tun ist, sich die Ware anzueignen. Der drohende Totalverlust war von jeher so sehr die anerkannte Voraussetzung eines jeden Abandon, daß sie als selbstverständlich ursprünglich eine selbständige Aufnahme in den Bestimmungen über den Abandon nicht gefunden hat, man sich vielmehr damit begnügte, die einzelnen Ereignisse aufzuführen, die erfahrungsgemäß solche Gefährdung mit sich bringen. Aschenheim[1]) trifft daher durchaus das Richtige, wenn er bemerkt:

> „Die Tatsache der längere Zeit dauernden Anhaltung genügt aber „allein noch nicht, um die Voraussetzung für einen Abandon zu „schaffen, vielmehr muß durch die Anhaltung das Versicherungsgut „bedroht sein, so daß der völlige Verlust, sei es durch Entziehung, „sei es durch Zerstörung, tatsächlich zu befürchten ist — eine An„schauung, welche in der Kommission ohne Erfolg angefochten „wurde." —

Die Bedeutung der „Bedrohung" als eines selbständigen und notwendigen Tatbestandsmerkmales hat auch das Reichsgericht in seiner oben erwähnten Entscheidung vom 4. April 1917[2]) im Falle der Aufbringung ausdrücklich anerkannt.

§ 22.
2) „Bedroht" nicht = „betroffen".

Wie die in den Protokollen auf Seite 3474 ff wiedergegebenen Erörterungen über die in der Redaktionskommission neu aufgenommenen Worte: „wenn der Gegenstand der Versicherung . . . . dadurch bedroht ist, daß . ." klar ergeben, ist man sich bei Beratung gerade dieser Bestimmung des § 861 H.G.B. (§ 116 A.S.V.B.) der verschiedenartigen Konsequenzen des „Bedrohtseins" und des „Betroffenseins" voll bewußt gewesen und hat sich mit voller Absicht für die Wahl des letzteren Ausdrucks entschieden, um damit ein nach Meinung der Kommission unerläßliches Tatbestandsmerkmal des Abandon in der Vorschrift des § 861 H.G.B. (§ 116 A.S.V.B.) zum Ausdruck zu bringen. So kann es nach der gegenwärtigen Fassung des § 116 A.S.V.B. keinem Zweifel unterliegen, daß zur Begründung des

[1]) a.a.O. S. 18/19.

[2]) H.G.Z. 1917 Nr. 132 S. 256, — oben S. 59 Anm. 1 —.

Abandonrechts weder die „Anhaltung" noch die „Nichtfreigabe" binnen einer bestimmten Frist genügt, vielmehr durch beide Momente zusammen, mithin infolge des Ereignisses und des Fortbestehens seiner Wirkungen dem versicherten Gegenstande irgendetwas drohen muß.

§ 23. 3) Totalverlust muß drohen.

Dieses Etwas ist der Totalverlust. Dies ist zwar im § 116 A.S.V.B. nicht ausdrücklich ausgesprochen, ergibt sich aber zwingend aus dem Wesen des Abandon, sowie aus Entstehungsgeschichte und Sinn der Bestimmung des § 116. Diejenige Gefahr, deren Keim ein jedes Abandonereignis, insbesondere also auch jedes der Ereignisse des § 116 in sich trägt, die allen diesen Ereignissen gemeinsam ist, ist eben die des Totalverlustes. Und das hat seinen guten Grund, denn das war ja eben der Sinn des Abandon und des konstruktiven Totalverlustes im ausländischen Recht, daß dem Versicherten nicht zugemutet werden sollte, den Eintritt des bereits drohenden Totalverlustes abzuwarten. So geht auch der Sinn des § 116 eben dahin, daß der Versicherte den Anspruch auf Zahlung der vollen Versicherungssumme, der ihm normaler Weise nur im Falle des Totalverlustes zusteht, in den seltenen Ausnahmefällen, wie sie der § 116 aufzählt, auch dann haben soll, wenn der Totalverlust nur droht, aber noch nicht eingetreten ist.

Was die Entstehungsgeschichte anlangt, so ist bereits im Eingang dieses Abschnittes dargelegt worden, daß die Zulassung des Abandon für eine ganz bestimmte Anzahl eng umgrenzter Fälle aus der Erwägung heraus erfolgt ist, daß dem Versicherten im Falle eines drohenden Totalverlustes die Möglichkeit gegeben sein sollte, Totalschaden zu liquidieren, ohne den Eintritt des drohenden Totalverlustes abwarten zu müssen, dies aber auch nur, sobald die Wahrscheinlichkeit des Eintritts des Totalverlustes einen bestimmten Grad erreicht hatte. Immer war es der Gedanke an einen bevorstehenden Totalverlust, der zur Gewährung des Abandon führte.

Aber auch unabhängig von der Entstehungsgeschichte des § 116 ergibt sich die Richtigkeit der Auslegung dieser Bestimmung in dem Sinne, daß Totalverlust drohen muß, aus folgender Erwägung:

Der Abandon gibt dem Versicherten das Recht, die volle Versicherungssumme zu fordern. Dieses Recht hat der Versicherte sonst nur bei Totalverlust. Gewährt also das Gesetz Anspruch auf Zahlung der vollen Versicherungssumme, so wird man ohne weiteres daraus folgern dürfen, daß der Fall, in dem es das tut, zum mindestens praktisch demjenigen des Totalverlustes nahekommen muß. Endlich wird aber auch die Richtigkeit dieser Auffassung dadurch bestätigt, daß sämtliche Ereignisse, von deren Eintritt der § 116 das Abandonrecht abhängig macht, erfahrungsgemäß die Aussicht auf Totalverlust, die Wahrscheinlichkeit seines Eintritts, in sich schließen. Das Fehlen eines ausdrücklichen Hinweises in der Bestimmung des § 116 darauf, daß das Etwas, welches der Ware drohen muß, eben der Totalverlust sein müsse einerseits, und die völlige Verkennung des stets auf einen bevorstehenden Totalverlust gerichteten Grundgedankens des Abandonrechts andererseits, hat die irrige Meinung aufkommen lassen, als müsse jeder mit der Anhaltung usw. eingetretene, den versicherten Gegenstand gefährdende Umstand als „Bedrohung" im Sinne des § 116 gelten und genüge jede ernstliche Gefährdung der Ware infolge der Anhaltung usw., um den Abandon zu rechtfertigen.[1])

Eine Stütze für diese Auffassung wurde in einer in den Protokollen zum Handelsgesetzbuch gelegentlich der Erörterung über die Einführung des Abandon wiedergegebenen Bemerkung eines Abgeordneten gefunden, der betont hatte, es müsse abgesehen von dem Fristablauf dem Versicherten auch irgendeine Gefahr aus der Anhaltung drohen und dann hinzugefügt hatte, diese Gefahr brauche jedoch nicht gerade die des Eigentumverlustes durch Kondemnation, Konfiskation usw. zu sein, die Gefahr des Verderbes, der Beschädigung und dergleichen müsse vielmehr dieselbe Wirkung wie jene Gefahr haben.[2]) Diese Bemerkung war zweifellos zutreffend, soweit sie darauf hinwies, daß zu dem Eintritt des Ereignisses und dem Fortbestehen seiner Wirkungen ein drittes Tatbestandsmerkmal in Gestalt des „Bedrohtseins" hinzutreten müsse. In ihrem letzten Satz aber, der, soweit aus dem Protokoll ersichtlich, einer Erörterung überhaupt nicht unterzogen worden ist, verrät sie einen so großen Mangel an Folgerichtigkeit und übersieht so sehr die Entstehungsgeschichte des Abandon sowohl, wie auch die Bedeutung des Eigenverderbs für die Haftung des Versicherers, daß ihr irgendwelches Gewicht umsoweniger beigemessen werden kann, als die mehrerwähnte Bemerkung in den Protokollen ungeachtet ihrer offenbaren Unrichtigkeit nicht nur unbesehen in fast alle Kommentare zum Seerecht des Allgemeinen deutschen Handelsgesetzbuches übergegangen.[3]) sondern auch erst neuerdings wieder von den Gerichten zur Begründung der oben bekämpften Auffassung herangezogen worden ist, daß zum Abandon bereits die Gefährdung der Ware durch Eigenverderb berechtige und genüge.[4])

Lagern in Feindesland.

[1]) So findet sich z. B. in neueren Erkenntnissen die Auffassung vertreten, als sei die Einlagerung einer Ware in Feindesland abseiten eines übelwollenden Feindes ein im Sinne des § 116 beachtliches gefahrenerhöhendes Moment.

[2]) Protokolle S. 3475.

[3]) Eine rühmliche Ausnahme macht nur Lewis, Reatz, Schroeder a.a.O. S. 452, der der fraglichen Bemerkung in den Protokollen die richtige Ansicht entgegenstellt, daß immer der Totalverlust drohen müsse.

[4]) Entscheidung des Landgerichts und des Hanseatischen Oberlandesgerichts in Sachen Löwensohn & Just gegen Norddeutsche Versicherungs-Gesellschaft H.G.Z. 1917 Nr. 33. Dieses Urteil ist zufolge einer Mitteilung in den Hamburger Nachrichten vom 14. De-

§ 23.

Nach alledem ist daran festzuhalten, daß, um den Abandon des Güterversicherten zu rechtfertigen, der Totalverlust des Gutes drohen muß. Indessen auch nicht jede Aussicht auf Totalverlust genügt. Vielmehr müssen auch hier bestimmte Voraussetzungen erfüllt sein in Gestalt eines bestimmten Grades der Gefährdung.

a) Auf Grund einer ganz bestimmten Schadensursache.

a) Es kann zunächst die Schadensursache, auf Grund deren der Totalverlust einzutreten droht, für die Gewährung oder Nichtgewährung des Abandonrechts entscheidend sein. Ein solcher Fall, dessen Voraussetzungen außerhalb der Bestimmungen der §§ 116 ff liegen, ist gegeben, wenn die von einem der Ereignisse des § 116 betroffenen Güter durch Eigenverderb total verloren zu gehen drohen.[1])

Sieht man von dem vorerwähnten, auf besonderen Gründen beruhenden Ausschluß des Abandonrechts ab, so bleibt die Frage offen, ob der Abandon nach der Vorschrift des § 116 weiterhin auch davon abhängig sein soll, daß die Gefährdung, der drohende Eintritt des Totalverlustes, auf eine ganz bestimmte Schadensursache zurückzuführen ist. Das wird zu bejahen sein. Auf das Erfordernis einer ganz bestimmten Schadensursache weist bereits der Umstand hin, daß die Ereignisse des § 116 in ihrer Fortentwickelung sämtlich zu einem Totalschaden durch Eigentumsverlust führen, mit anderen Worten, der Totalverlust auf einer Gefahr beruht, die sich aus dem Ereignis heraus seinem Wesen entsprechend folgerichtig entwickelt (z. B. Konfiskation). Will man aber selbst einen solchen Schluß aus der Auswahl der Ereignisse im § 116 nicht anerkennen, so ergibt sich dennoch die Beschränkung auf bestimmte Schadensursachen bereits zwingend aus der weiter unten zu erörternden Voraussetzung, daß die „Bedrohung" durch ein Ereignis des § 116 hervorgerufen sein muß, also nur eine solche Gefährdung in Betracht kommt, die sich aus einem der Ereignisse des § 116 folgerichtig entwickeln kann.[2]) Hieran vermag auch die bereits oben kritisierte Bemerkung auf Seite 3475 der Protokolle nichts zu ändern.

---

zember 1917, Abendausgabe unter „Gerichtszeitung", vom Reichsgericht bestätigt worden (Aktenzeichen: I. 241/17). Dagegen scheint das Reichsgericht in seiner mehrerwähnten Entscheidung vom 4. April 1917 (H.G.Z. 1917 Nr. 138 S. 256) der hier vertretenen Auffassung zuzuneigen:

„denn unter Bedrohung durch Aufbringung kann im vorliegenden Falle nur die „Gefahr der Kondemnation verstanden werden, da die Beklagten die Haftung „für Kosten der Anhaltung und für Verderb und Verminderung der Güter „infolge eines durch Kriegsgefahr veranlaßten Aufenthaltes ausdrücklich abgelehnt „haben."

[1]) Hierüber s. unten § 29 III S. 96 f.

[2]) s. unten unter c S. 86.

§ 23.

b) Die Gefährdung muß einen bestimmten Grad erreicht haben.

b) Zu dem Erfordernis einer bestimmten Schadensursache tritt als zweite Voraussetzung, daß die Gefährdung einen bestimmten Grad erreicht haben muß. Da Totalverlust drohen muß, so kann nur der Grad der Wahrscheinlichkeit seines Eintritts in Frage kommen. Wahrscheinlichkeit wird gefordert. Es genügt daher nicht die bloße Möglichkeit des Totalverlustes, die ja eine nur ganz entfernte sein kann. Von einer Wahrscheinlichkeit wird man nur reden können, wenn ganz bestimmte Anhaltspunkte die Annahme begründen, daß ein Totalverlust eintreten wird. Welchen Grad diese Wahrscheinlichkeit erreicht haben muß, sagt § 116 nicht. Die Antwort hierauf muß daher aus Sinn und Tragweite dieser Bestimmung entnommen werden. Die Entstehungsgeschichte des § 116 läßt keinen Zweifel daran, daß nur ein hoher Grad von Wahrscheinlichkeit für den Eintritt des Totalverlustes Berücksichtigung finden sollte. Es geht dies insbesondere aus den Protokollen zum Allgemeinen deutschen Handelsgesetzbuch hervor. Auch Voigt spricht sich ausdrücklich in diesem Sinne aus.[1])

Man wird sonach davon auszugehen haben, daß, um den Abandon zu rechtfertigen, die Gefahr eines Totalverlustes bereits in nächste Nähe gerückt sein muß. Für die Bedeutung dieses Satzes bieten gerade die Güter aus deutschen Schiffen in portugiesischen Häfen ein lehrreiches Beispiel. Will man selbst dort die Inbesitznahme der Ware durch die portugiesische Regierung als Ereignis des § 116 in Anspruch nehmen, so liegt im übrigen nichts weiter vor als die bloße Möglichkeit, daß die Regierung zu gegebener Zeit zur Requisition der Waren schreitet.

c) Die Gefährdung muß die Folge des Abandonereignisses (I) und des Fortbestehens seiner Wirkungen (II) sein.

c) Um den Abandon des Güterversicherten zu rechtfertigen, genügt es indessen noch nicht, daß nach erfolgter Anhaltung oder Wegnahme und während der Fortdauer ihrer Wirkungen auf Grund irgendeines beliebigen Umstandes die Gefahr des Totalverlustes in nächste Nähe gerückt ist, vielmehr muß, wie aus der Fassung „dadurch bedroht.... daß" sie „angehalten sind" zweifelsfrei hervorgeht, der Zustand des Bedrohtseins eine Folge eben des Eintritts des Ereignisses des § 116 und des Fortbestehens seiner Wirkungen sein.

Der Abandon ist daher unzulässig, wenn die drohende Gefahr des Totalverlustes nicht auf dem Ereignis, dessen Eintritt der Versicherte für sich in Anspruch nimmt, sondern auf anderen Umständen beruht, gleichgültig ob diese früher, später oder gleichzeitig mit dem Ereignis eingetreten sind.[2])

[1]) a.a.O. S. 634:

„Diese Erwägungen führen darauf hin, daß dem Versicherten nur dann das „Recht einzuräumen sei, die Abandonmaßregel in Wirksamkeit zu setzen, wenn „außerordentliche Umstände den Verlust des gefährdeten Gegenstandes mit großer „Wahrscheinlichkeit in Aussicht stellen, ohne daß dem Versicherten Mittel zur „Beseitigung der Gefährdung zu Gebote stehen."

[2]) Für die Gefahr des Totalverlustes durch Eigenverderb ergibt sich auch aus diesem

Zur Erläuterung diene folgendes Beispiel: Eine durch Verfügung von hoher Hand angehaltene Ware befindet sich auf gutem Lager, jedoch in einer von feindlichen Flugzeugangriffen ständig heimgesuchten Stadt. Hier kann der Versicherte die Aussicht auf Zerstörung der Ware durch feindliche Flugzeuge niemals als eine den Abandon rechtfertigende Bedrohung mit Totalverlust für sich in Anspruch nehmen, denn die Bedrohung folgt nicht aus der Anhaltung und dem Fortbestand ihrer Wirkungen, sondern aus dem völlig außerhalb derselben liegenden Moment der Gefahr feindlicher Fliegerangriffe

§ 24. B. Gemeinsame Voraussetzungen für alle Tatbestandsmerkmale des Abandon.

B. Gemeinsame Voraussetzungen für alle Tatbestandsmerkmale des Abandon.

Nachdem unter I—III die Tatbestandsmerkmale des Abandon im Einzelnen einer Prüfung unterzogen worden sind, bedarf es noch der Hervorhebung derjenigen Gesichtspunkte und Voraussetzungen, di· sämtlichen Tatbestandsmerkmalen des Abandon im Sinne des § 116 A.S.V.B. gemeinsam sind.

I. Ob die Merkmale zu I-III vorliegen, ist reine Tatfrage.

Es verdient besonders hervorgehoben zu werden, daß für die Entscheidung der Frage, ob die eine oder die andere der Voraussetzungen des § 116 im konkreten Falle gegeben sind, lediglich Tatsachen in Betracht kommen. So ergibt sich für dieEreignisse des § 116 bereits aus der Zusammenstellung der Anhaltung durchVerfügung von hoher Hand mit der Nehmung durch Seeräuber, daß es n cht auf den rechtlichen Charakter des Ereignisses, sondern lediglich auf seine tatsächliche Bedeutung ankommt, mit anderen Worten, daß es Tatfrage und nicht Rechtsfrage ist, ob ein solches Ereignis vorliegt. Ob „Anhaltung", „Wegnahme" und „Bedrohung" vorliegt, entscheidet sich nicht nach rechtlichen, sondern ausschließlich nach rein tatsächlichen Gesichtspunkten.[1])

Gesichtspunkt heraus, daß sie den Abandon niemals begründen kann. Denn der Totalverlust durch Eigenverderb kann zwar bei längerer Dauer der Anhaltung mit ihr in ursächlichem Zusammenhang stehen. Daß aber ein Totalverlust droht, hat ausschließlich seinen Grund in der Verderblichkeit der Ware. Das drohende Etwas ist der Verderb der Ware, mithin ein Schaden, eine Gefahr, die sich ausschließlich in der Beschaffenheit der Ware gründet, nicht aber aus dem Ereignis der Anhaltung seinem Wesen nach sich folgerichtig entwickelt.

[1]) So mit Recht Pauli a.a.O.:

„Wie alle Schadensfragen reine Tatfragen sind, so ist auch die Frage des konstruktiven Totalverlustes reine Tatfrage."

Das bedeutet in praktischer Anwendung zunächst auf die Voraussetzung des Eintritts eines der im § 116 aufgezählten Ereignisse folgendes:

1. Eine im Sinne des § 116 beachtliche Anhaltung oder Wegnahme erfordert, daß dem Transport ein Hindernis in den Weg gelegt wird, das zu beseitigen nicht in der Macht des Versicherten liegt. Ein Abandon ist daher selbst dann noch nicht ohne Weiteres gegeben, wenn eine Regierung gesetzliche Maßnahmen trifft, die entweder eine Anhaltung aussprechen oder doch ihr zur Grundlage zu dienen bestimmt sind. Für den Abandon erlangen vielmehr derartige Bestimmungen ebenso wie ausdrückliche Verbote einer Fortsetzung des Transports Bedeutung erst mit dem Augenblick, wo sie entweder in die Tat umgesetzt werden oder als ein tatsächliches und wirksames Hindernis einer Fortsetzung des Transports sich erweisen.

Was aber für die Anhaltung und Nehmung in ihrer Bedeutung für den Fortgang des Transports gilt, trifft nicht weniger für die Beurteilung ihrer Einwirkung auf die Machtbefugnisse des Versicherten im Sinne eines Ausschlusses bestimmter Verfügungsmöglichkeiten zu. Es kommt daher die Unmöglichkeit lediglich tatsächlicher, nicht auch rechtsgeschäftlicher Verfügungen in Betracht. Daraus folgt:

a) die durch eines der Ereignisse des § 116 geschaffene Unmöglichkeit, über die Ware tatsächlich greifbar zu verfügen, ist auch dann Abandongrund, wenn dem Versicherten die volle Freiheit verblieben ist, solche Verfügungen rechtsgeschäftlicher Natur zu treffen, die lediglich eine Einwirkung auf die Rechtslage ausüben (z. B. Verkauf).

b) Andererseits ist die Unmöglichkeit der Vornahme derartiger rechtsgeschäftlicher Verfügungen für sich allein niemals Abandongrund, wenn die tatsächliche Verfügung möglich ist. So wird z. B. ein die Konfiskation aussprechendes Gesetz niemals den Abandon rechtfertigen, wenn dieses vielleicht lediglich auf die politischen Wirkungen nach außen hin berechnete Gesetz in der Praxis nicht durchgeführt wird, so daß der Versicherte nach wie vor in der Lage ist, über seine Ware tatsächlich zu verfügen.

Aus dem Vorstehenden ergibt sich auf der einen Seite, daß es unter allen Umständen fehlerhaft ist, in dem Erlaß irgendeiner den Zugriff auf die versicherten Güter bezweckenden Regierungsverordnung für sich allein genommen ein Ereignis des § 116, eine Anhaltung durch Verfügung von hoher Hand zu erblicken, auf der anderen Seite aber, daß ein lediglich die Fortsetzung des Transports verbietender Regierungserlaß dann stets als Anhaltung anzuerkennen ist, wenn die Zuwiderhandlung Strafen oder Rechtsnachteile nach sich ziehen muß, und die Fortsetzung des Transports dadurch praktisch unmöglich gemacht ist.

2. Der Satz aber, daß lediglich Tatsachen über das Vorliegen der Voraus-

setzungen des § 116 zu entscheiden haben, trifft nicht weniger auf das Erfordernis der Bedrohung zu. Auch hierfür, mithin für die Beurteilung, ob und in welchem Grade eine Wahrscheinlichkeit des Totalverlustes vorliegt, sind rechtliche Gesichtspunkte gleichgültig. Insbesondere wird man beispielsweise aus dem Umstand allein, daß die Regierung die gesetzliche Grundlage für eine Konfiskation der Ware geschaffen und sich ausdrücklich vorbehalten hat, zu dieser Maßnahme zu greifen, nicht den Schluß ziehen dürfen, daß damit nunmehr die Gefahr des Totalverlustes in greifbare Nähe gerückt sei.

Ein Abandon ist nur zulässig, wenn alle Tatbestandsmerkmale des § 116 zusammen vorliegen. II. Alle Merkmale müssen gleichzeitig vorliegen.

Es genügt also insbesondere eine Anhaltung für sich allein nicht, wenn nicht ihre Wirkungen binnen einer bestimmten Frist (6 Monate bezw. 2 Monate nach der Hamburger Kriegsklausel) fortgedauert haben. Wo also beispeilsweise der Weitertransport verhindert worden ist durch Übernahme der Ware in regierungsseitigen Gewahrsam, kurz darauf aber die Möglichkeit eröffnet wurde, die Ware wieder an sich zu nehmen z. B. durch Überführung in Privatmagazine, ist der Abandon nicht gegeben.

Wie aber die „Anhaltung durch Verfügung von hoher Hand" nur eines der Tatsbestandsmerkmale des § 116 Ziffer 2 A.S.V.B. darstellt, so genügt auch das Moment der „Bedrohung" für sich allein nicht. Beispiel: Die Güter lagern in Feindesland und es besteht auf Grund der bekannten Unzuverlässigkeit der feindlichen Beamten die größte Wahrscheinlichkeit des Untergangs der Ware z. B. durch Feuer. Solche Aussicht auf Totalverlust rechtfertigt den Abandon nicht mangels eines ursächlichen Zusammenhanges mit einer Anhaltung durch Verfügung von hoher Hand.

Aber auch das gleichzeitige Vorliegen aller Merkmale genügt nur dann, wenn es zur Zeit der Abandonerklärung gegeben ist. Dies folgt zweifelsfrei aus der Bestimmung des § 122 A.S.V.B., die ausdrücklich besagt, daß die Abandonerklärung ohne rechtliche Wirkung ist, wenn die Tatsachen, auf welche sie gestützt wird, sich nicht bestätigen oder zur Zeit der Mitteilung der Erklärung nicht mehr bestehen. Die Abandonerklärung ist daher, um ein Beispiel herauszugreifen, unwirksam, wenn zur Zeit ihrer Abgabe die Güter zwar angehalten, nicht aber bedroht waren z. B. noch besondere Garantien für die Unversehrtheit der Güter bestanden, die die Befürchtung eines Totalverlustes ausschlossen. Güter also, die angehalten und binnen bestimmter Frist nicht freigegeben sind, können, um ein weiteres Beispiel anzuführen, dann nicht abandoniert werden, wenn die mit dem Abandonereignis in der Regel gegebene, durch seinen besonderen Charakter begründete Aussicht auf Totalverlust infolge besonderer Umstände entfällt, z. B. durch eine regie- III. Alle Merkmale müssen gleichzeitig zur Zeit der Abandonerklärung vorliegen.

rungsseitige Erklärung, das Eigentum an der Ware unter keinen Umständen antasten zu wollen.[1]) Andererseits wird die Wirksamkeit der Abandonerklärung dadurch nicht berührt, daß, wie es im § 122 heißt: „Spätere Umstände sich ereignen, deren früherer Eintritt das Recht zum Abandon ausgeschlossen haben würde." Gegenüber dem einmal erklärten Abandon würde also beispielsweise der Versicherer mit dem Einwande nicht gehört werden, daß späterhin die Bedrohung, die Aussicht auf Totalverlust, entfallen sei. Das schließt indessen nicht aus, daß ein solcher späterer Wegfall eines Tatbestandsmerkmales des § 116 Einfluß auf das Abandonrecht insoweit gewinnen kann, als er Rückschlüsse auf die Tragweite dieser oder jener vom Versicherten in bezug genommenen Tatsachen zuläßt, insbesondere deren ursprünglich behaupteten Charakter bestätigt.

Nach alledem ist daran festzuhalten, daß der Abandonfall für den Güterversicherten nur gegeben ist, wenn die folgenden grundlegenden Voraussetzungen vorliegen:

1. Hemmung des Transports durch einen entgegenstehenden fremden Willen,
   Unmöglichkeit für den Versicherten, entgegen dem fremden Willen über die Ware im Sinne einer Fortsetzung des Transports zu verfügen,
2. Fortdauer dieser Einwirkung während einer Frist von sechs bezw. zwei Monaten (Nichtfreigabe)
3. hohe Wahrscheinlichkeit des Totalverlustes infolge der gewaltsamen Einwirkung und ihres Fortbestandes,
4. gleichzeitiges Vorliegen aller dieser Voraussetzungen und zwar
5. zur Zeit der Abandonerklärung.

§ 25. C. Andere Abandonfälle kennt das Gesetz nicht.

C. Andere Abandonfälle kennt das Gesetz nicht. Eigenverderb.

Andere Abandonfälle kennt das Gesetz bezw. § 116 A.S.V.B. mit Ausnahme der Verschollenheit nicht. Insbesondere gehört Verderb oder Verminderung nicht zu den Ereignissen, die nach § 116 A.S.V.B. den Abandon rechtfertigen. Das geht schon daraus zweifelsfrei hervor, daß innerer Vederb als Abandongrund im § 116 keine Aufnahme gefunden hat, obwohl noch § 119 des Allgemeinen Revidierten Planes inneren Verderb — wie

[1]) So auch Lewis, Reatz, Schroeder a.a.O. S. 452.
Lewis, Das deutsche Seerecht, Leipzig 1884, Band 2 S. 448.
In diesem Zusammenhange sei auch auf das mehrerwähnte Urteil des Reichsgerichts vom 4. April 1917 (H.G.Z. 1917 Nr. 132) verwiesen, das auf S. 256 den Wegfall der „Bedrohung" infolge eines freisprechenden Erkenntnisses des Prisengerichts behandelt.

schon früher §§ 119—121 des Allgemeinen Planes — ausdrücklich als Abandongrund anerkannte, wenn eine Einigung mit dem Versicherer nicht zu erzielen war. Diesen Fall hat das Handelsgesetzbuch ebenso wie die Allgemeinen See-Versicherungs-Bedingungen den über den Totalverlust geltenden Grundsätzen überlassen, hierbei also keinen Abandonfall konstruiert.[1])

Eigenverderb kann sonach niemals den Abandon des Gütervesicherten rechtfertigen und zwar weder mittelbar noch unmittelbar.

1. Eigenverderb als Tatbestand, als Ereignis genommen, berechtigt nie zum Abandon, da er unter den Ereignissen des § 116 keine Aufnahme gefunden hat,
2. Eigenverderb als Gefahrmoment, als mögliche Ursache eines eintretenden Schadens ist ebenfalls ohne Bedeutung für das Abandonrecht des Güterversicherten. Denn auf Eigenverderb kann der Abandon, wie bereits dargelegt, auch nicht unter dem Gesichtspunkt gestützt werden, daß infolge desselben Aussicht auf Totalverlust der Ware gegeben, die Ware im Sinne des § 116 bedroht sei.[2])

2. Kapitel
Voraussetzungen in der Person bezw. auf Seiten des Versicherten.

A. Eigentum des Versicherten zur Zeit der Abandonerklärung.

A. Eigentum des Versicherten zur Zeit der Abandonerklärung.

§ 26.

I. Im allgemeinen.

Grundgedanke des Rechtsbehelfs des Abandon ist es, daß der Versicherte, noch bevor feststeht, ob er die befürchtete Vermögenseinbuße erleidet, so gestellt werden soll, als ob er sie nicht erlitten habe. Dies geschieht dadurch, daß der Versicherte durch seine Abandonerklärung die Verpflichtung des Versicherers auslöst, durch Zahlung der vollen Versicherungssumme den Versicherten in den Besitz eines Ersatzwertes für den in dem versicherten Gegenstande verkörperten Vermögenswert zu setzen, noch bevor dieser Vermögenswert dem Versicherten endgültig verloren gegangen ist.

Jeder Abandon setzt daher voraus:

1. einen noch vorhandenen Vermögenswert, der dem Versicherer gegen Zahlung der vollen Versicherungssumme überlassen werden kann (— abandonieren kann nur, wer etwas zu abandonieren hat —),

---

[1]) S. Voigt im Neuen Archiv für Handelsrecht Band 4 S. 329 Anmerkung 104.

[2]) § 23 S. 86/87 Anm. 2.

2. Die Ungewißheit darüber, ob dieser Vermögenswert dem Versicherten für die Zukunft erhalten bleiben wird, hervorgerufen durch den Eintritt gewisser, den Fortbestand des Vermögenswertes für den Versicherten in Frage stellender Umstände und zwar entweder:
   a) durch das Ausbleiben von Nachrichten in Verbindung mit dem Nichteintreffen des Schiffes im Bestimmungshafen (Abandon bei Verschollenheit) oder
   b) durch ein bestimmtes Ereignis, das in seiner Fortentwicklung zum Eintritt eines bestimmten Schadens führen kann.[1])

Die Voraussetzungen zu 2. sind bereits ausführlich erörtert worden, so daß hier nur noch das an erster Stelle genannte in der Person des Versicherten vorausgesetzte Erfordernis näherer Erläuterung bedarf. Der noch vorhandene Vermögenswert kann je nach Art des Gegenstandes der Versicherung entweder in einer Sache oder in einem Recht bestehen. Für den Güterversicherten besteht er in einer Sache, dem Versicherungsgut. Dieses bildet wiederum einen Bestandteil seines Vermögens nur wenn und so lange ihm das Eigentum daran zusteht. Der Güterversicherte kann daher nur abandonieren, wenn und so lange er Eigentümer der versicherten Güter ist. Dies ist so sehr grundlegende Voraussetzung für den Abandon des Güterversicherten, daß Beneke[2]) den Abandon des Kasko- und Güterversicherten — nur diesen Fall hat er offenbar im Auge — als „die völlige Übertragung des Eigentumsrechts einer versicherten verunglückten Sache an den Versicherer" definiert.

Der Satz, daß der Güterversicherte, um endgültig abandonieren zu können, Eigentümer der versicherten Güter sein muß, findet aber seine Bestätigung auch in folgender Erwägung.

Der Abandon des Güterversicherten hat zur weiteren Voraussetzung, daß das Versicherungsgut durch das Abandonereignis der Verfügung des Versicherten entzogen ist. Es kann daher die Überlassung des Versicherungsgutes und damit zugleich des in ihm verkörperten Vermögenswertes auch bei der Güterversicherung ebenso wie bei der Versicherung von Fracht, imaginärem Gewinn usw. nur im Wege der Abtretung der dem Versicherten an dem Versicherungsgut zustehenden Rechts, nie dagegen durch körperliche Übergabe erfolgen.

So ist es nur folgerichtig, wenn § 116 Absatz 1 A.S.V.B. statt von der Überlassung des versicherten Gegenstandes selbst, nur von der Abtretung der Rechte als ihrer nach Sachlage allein möglichen Form spricht. Das dem Güterversicherten an dem versicherten Gegenstande zustehende, ihn ganz und

[1]) Voigt S. 649: „Ein in seinen Folgen noch nicht abgeschlossenes Schadensereignis".
[2]) System Band 3 S. 485.

unter Ausschluß jeder fremden Einwirkung erfassende Recht ist das Eigentumsrecht an dem Versicherungsgut.

Da aber die Übertragung des Eigentumsrechts durch keinen anderen als den Eigentümer selbst erfolgen kann, so bestätigt sich auch von hieraus, daß das Eigentum des Güterversicherten an dem Versicherungsgut zur Zeit der Abandonerklärung eine selbständige und grundlegende Voraussetzung bedeutet, die in der Person des Güterversicherten erfüllt sein muß, um dessen Abandon zu rechtfertigen.

Praktisch ist dieser Satz von erheblicher Tragweite, da es keineswegs zu den Seltenheiten gehört, daß der Versicherte zur Zeit der Abandonerklärung bereits nicht mehr Eigentümer der Ware ist.

Der Eigentumsverlust kann entweder durch den Versicherten selbst herbeigeführt oder ohne sein Zutun eingetreten sein.

Eigentumsverlust durch Verkauf.

1. Für den ersten Fall bietet namentlich der Verkauf ein lehrreiches Beispiel. Der Käufer auf dem Seewege zu befördernder Güter erwirbt das Eigentum an der gekauften Ware mit dem Augenblick, wo er unter Zahlung des vereinbarten Betrages die Dokumente aufnimmt.[1])

Denn in diesem Augenblick ist die nach § 929 B.G B. erforderliche Willenseinigung über den Übergang des Eigentums vom Verkäufer auf den Käufer als gegeben zu betrachten, während die weiter vom Gesetz geforderte Übergabe der Ware durch Übergabe der gemäß § 647 H.G.B. die Ware vertretenden Dokumente erfolgt.

Da es unter diesen Umständen leicht geschehen kann, daß der Versicherte von dem Verlust seines Eigentums an der Ware durch dessen Übergang auf den Käufer erst späterhin erfährt, so wird sich auch praktisch der Fall ereignen, daß der Verkäufer die von ihm versicherte Ware zu einer Zeit abandoniert, wo sie ihm schon nicht mehr gehört. Eine solche Abandonerklärung ist wegen Fehlens der grundlegenden Voraussetzung des Eigentums des Versicherten ohne rechtliche Wirkung.[2])

2. Praktisch häufiger wird indessen der Fall sein, daß der Eigentumsverlust ohne Zutun des Versicherten bereits zur Zeit der Abandonerklärung eingetreten war; zum Beispiel: es lag zur Zeit der Abandonerklärung bereits ein die Kondemnation aussprechendes Prisengerichtsurteil vor. Auch dann ist der Abandon gemäß § 122 A.S.V.B. rechtsunwirksam, da zur Zeit der Abandonerklärung bereits feststand, daß sich das Abandonereignis — in

---

[1]) Ein Beispiel aus der Rechtsprechung s. H.G.Z. 1916 Nr. 3.

[2]) § 122 Satz 1 A.S.V.B.:

„Die Abandonerklärung ist ohne rechtliche Wirkung, wenn die Tatsachen, auf „welche sie gestützt wird, sich nicht bestätigen oder zur Zeit der Mitteilung der „Erklärung nicht mehr bestehen“.

diesem Falle die Anhaltung oder Aufbringung — bereits zum Eigentumsverlust, mithin zum Totalschaden entwickelt hatte.[1])

Auf die Kenntnis von dem eingetretenen Totalverlust kommt es nicht an. Lediglich der Eintritt der den Eigentumsverlust herbeiführenden Tatsachen entscheidet. Die Abandonerklärung zu einer Zeit, wo der Güterversicherte das Eigentum an der Ware bereits verloren hatte, ist daher auch dann rechtsunwirksam, wenn der Versicherte von dem Verlust seines Eigentums nichts wußte.

Im Zusammenhange mit den in diesem Kapitel behandelten Fragen sei noch bemerkt, daß die Eigentumsfrage unabhängig von dem besonderen Tatbestand des Abandon für die Gewährung oder Versagung von Ansprüchen aus dem Versicherungsvertrage dann von ausschlaggebender Bedeutung sein kann, wenn von ihr die Entscheidung abhängt, ob zur Zeit der Versicherungsnahme das für die Rechtswirksamkeit einer jeden Versicherung unerläßliche Interesse an der Versicherung auf Seiten des Versicherten vorhanden war. Im Rahmen dieser Abhandlung mag der Hinweis auf diese für die Praxis bedeutsame und in der Rechtsprechung vielfach erörterte Frage genügen.

§ 27. II. Folgen fremder Belastung.

Da die Abandonierung des versicherten Gegenstandes an den Versicherer durch die bloße Abandonerklärung des Versicherten kraft Rechtens geschieht, ohne daß es der zufolge allgemeiner Rechtsgrundsätze je nach Art des versicherten Gegenstandes sonst erforderlichen Form der Rechtsübertragung bedürfte, so besteht nicht zum wenigsten auch für den Güterversicherer die Gefahr, daß die Ware durch Vermittelung der sie vertretenden Dokumente auf ihrer Wanderung von Hand zu Hand mit Rechten[2]) Dritter belastet worden ist, so daß dem Versicherer durch die Abandonerkärung nur ein durch Rechte Dritter verkümmertes Eigentum übertragen wird. Gesetz und Bedingungen schließen in solchem Falle den Abandon zwar nicht aus, verpflichten aber den Versicherten, Gewähr zu leisten.[3])

---

[1]) Auf wesentlich anderen Voraussetzungen beruht ein unlängst vom Reichsgericht entschiedener Fall (H.G.Z. 1917 Nr. 132). Dort war der Abandon erklärt worden zu einer Zeit, wo bereits ein freisprechendes Prisengerichtsurteil ergangen war, mithin feststand, daß der Versicherte seines Eigentums nicht verlustig gehen würde. Hier mußte der Anspruch auf Zahlung der vollen Versicherungssumme schon daran scheitern, daß es von vornherein an dem wesentlichen Moment der Bedrohung (vergl. oben § 21) und somit auch an jedem inneren Grunde fehlte, den Fall so zu behandeln, als ob der Versicherte einen Totalverlust erlitten hätte.

Über den Zeitpunkt des Eigentumsverlustes im Falle eines prisengerichtlichen Verfahrens vergl. Reichsgericht Band 67 S. 256/259 (Romulus Fall).

[2]) z. B. mit dem Zurückhaltungsrecht einer Bank im Falle der Zahlung durch Bankrembours (vergl. H.G.Z. 1916 Nr. 3).

[3]) § 123 Absatz 2 A.S.V.B., § 828 Absatz 2 H.G.B., Protokolle S. 3448.

Über den Begriff der Gewährleistung und ihre Auslegung in einem besonderen Falle

B. Die Abandonerklärung. § 28. B. Die Abandonerklärung.

Die Abandonerklärung ist von Bedeutung nicht nur als Rechtsübertragungsakt[1]), sondern praktisch vor allem auch insoweit sie die Verpflichtung des Versicherers zur Zahlung der vollen Versicherungssumme auslöst.

Haupterfordernis einer rechtsgültigen Abandonerklärung ist ihre Rechtzeitigkeit. Sie setzt wiederum voraus:

1. eine richtige Anzeige im Sinne der §§ 65, 116 A.S.V.B.,
2. den Ablauf der Frist des § 116 A.S.V.B.,
3. Die Einhaltung der Abandonfrist von sechs bezw. neun Monaten, innerhalb deren gemäß § 119 A.S.V.B. die Abandonerklärung dem Versicherer zugegangen sein muß.

Wegen Bedeutung und Tragweite der Voraussetzungen zu 1 und 2 sei an dieser Stelle auf das im § 20 Gesagte verwiesen.

I. Unterabschnitt. § 29.

Einfluß der allgemeinen Rechtslage (I. Teil) auf das Abandonrecht.

In den vorstehenden Kapiteln sind die Voraussetzungen des Abandon erörtert worden, soweit sie in den Vorschriften über den Abandon selbst enthalten sind. Es bleibt daher noch zu prüfen, ob und gegebenenfalls nach welcher Richtung hin Inhalt und Bedeutung des Seeversicherungsvertrages im allgemeinen insbesondere die Grundsätze, wie sie im I. Teil erörtert worden sind, einen Einfluß auf die Berechtigung zum Abandon ausüben. Eine solche Einwirkung ist in der Tat unverkennbar. Sie äußert sich vor allem darin, daß der im Versicherungsvertrage vorgesehene Ausschluß der Haftung für bestimmte Schadensfälle seine Wirkung auch für den Abandon behält. Dies bedeutet, daß der Abandon niemals dazu führen darf, daß der Versicherer im Einzelfalle für einen Schaden haftet, dessen Ausschluß ausdrücklich vereinbart war. Ausschluß der Haftung für bestimmte Schadensfälle behält seine Wirkung auch für den Abandon.

So ist es denn auch unstreitig, daß dem Versicherer gegenüber dem Abandon des Versicherten auf Grund des Versicherungsvertrages die Einwendung zur Seite steht, daß er laut Vertrag das Risiko für das Ereignis nicht zu tragen habe, auf dessen Eintritt der Abandon gestützt wird. Dahin gehört in

---

dahin, daß der Versicherer statt zur Zahlung, nur zur Sicherheitsleistung verurteilt werden kann, s. Reichsgericht Band 88, S. 238.

[1]) § 123 Absatz 1 A.S.V.B.:

„Durch die Abandonerklärung gehen auf den Versicherer alle Rechte über, welche „dem Versicherten in Ansehung des abandonnierten Gegenstandes zustanden".

erster Linie der Einwand des Versicherers, daß dieses Ereignis sich in einer von ihm nicht übernommenen Gefahr gründe. Von größter praktischer Tragweite ist dieser Einwand in der Kriegsversicherung.

I. Abandon des Kriegsversicherten.

I. Abandon des Kriegsversicherten.

Dem Kriegsversicherer gegenüber ist der Abandon nur zulässig, wenn das Ereignis des § 116, welches der Versicherte für sich in Anspruch nimmt, Folge einer Kriegsgefahr, „zunächst durch Kriegsgefahr verursacht" ist.[1]) Es müssen daher, wenn anders der Abandon des Kriegsversicherten berechtigt sein soll, zweierlei Voraussetzungen erfüllt sein:

1. Sämtliche Tatbestandsmerkmale eines rechtsgültigen Abandon müssen vorliegen,
2. der Tatbestand, auf Grund dessen der Abandon gerechtfertigt erscheint, muß einer Kriegsgefahr seine Entstehung verdanken „zunächst durch Kriegsgefahr verursacht", mit anderen Worten, das Abandonereignis muß zugleich ein Kriegsereignis sein.[2]

II. Abandon des „nur für Seegefahr" Versicherten.

II. Abandon des „nur für Seegefahr" Versicherten.

Aus diesen Grundsätzen für den Abandon des Kriegsversicherten ergibt sich umgekehrt, daß gegenüber dem Versicherer „nur für Seegefahr" der Abandon des Güterversicherten nur anzuerkennen ist, wenn

1. sämtliche Tatbestandsmerkmale eines rechtsgültigen Abandon vorliegen,
2. Der Tatbestand, auf Grund dessen der Abandon gerechtfertigt erscheint, nicht in einer Kriegsgefahr sich gründet.

Immer aus demselben Gesichtspunkt der Einwirkung des Versicherungsvertrages auf das Abandonrecht des Versicherten gilt endlich für jede Seeversicherung, gleichgültig insbesondere ob Kriegsgefahr übernommen ist oder nicht, daß das Ereignis, welches der Versicherte als Tatbestandsmerkmal des § 116 für sich in Anspruch nimmt, stets ein solches sein muß, für welches nach allgemeinen Grundsätzen jeder Seeversicherer haftet, ein Ereignis also, welches diesseits der Grenzen fällt, die dem Umfange der Haftung eines jeden Seeversicherers gezogen sind (§§ 67,70 A.S.V.B.).

III. Abandon bei drohendem oder eingetretenem Eigenverderb.

III. Abandon bei drohendem oder eingetretenem Eigenverderb.

Eine weitere wichtige Nutzanwendung des Satzes, daß der im Versicherungsvertrag vorgesehene Ausschluß der Haftung für bestimmte Schadens-

[1]) Über diesen Begriff s. oben § 5 S. 17.

[2]) So zutreffend H.G.Z. 1916 Nr. 79. vergl. im übrigen den Begriff des „Kriegsereignisses" oben § 5 S. 17.

fälle auch für den Abandon seine Wirkung behält, mithin der Versicherer dem Abandon des Güterversicherten gegenüber einwenden kann, daß das Abandonereignis sich in einer von ihm nicht übernommenen Gefahr gründe, bietet der Fall des drohenden oder eingetretenen Eigenverderbs.

Es ist bereits oben[1]) gesagt worden, daß Verderb und Verminderung keine Aufnahme im § 116 in der Reihe derjenigen Ereignisse gefunden haben, deren Eintritt zum Abandon berechtigt. Umsomehr würde es gegen den klaren Willen der Schöpfer des § 116 verstoßen, wollte man die Wahrscheinlichkeit eines Totalverlustes durch inneren Verderb als Rechtfertigung einer Abandonerklärung dann gelten lassen, wenn diese Aussicht auf Totalverlust durch inneren Verderb zeitlich mit dem Eintritt oder der Fortdauer eines der Ereignisse des § 116 zusammenfällt. Praktisch würde das auf nichts geringeres hinauslaufen, als auf die Wiedereinführung der anerkanntermaßen grundsätzlich ausgeschlossenen Haftung des Versicherers für Verderb oder Verminderung auf dem Umwege über den Abandon und gestützt auf die dem Sinne des § 116 zuwiderlaufende Argumentation, daß die Gefahr des Verderbens der Ware eben das sei, was der Ware „drohe" und somit ihre Abandonierung rechtfertige. Mit solcher Schlußfolgerung würde man einen fundamentalen Satz des heutigen Seeversicherungsrechts umstoßen.[2])

Für die Wirksamkeit des Ausschlusses der Haftung für bestimmte Schadenfälle dem abandonierenden Güterversicherten gegenüber, mögen im Rahmen dieser Abhandlung die beiden praktisch wichtigen Fälle der Kriegsgefahr und der Gefahr des Eigenverderbs genügen. Die Beurteilung weiterer Fälle von geringerer praktischer Tragweite wie etwa desjenigen der Abweichung vom versicherten Reisewege bietet keine Schwierigkeiten.

[1]) § 25.

[2]) vergl. oben §§ 21 ff., insbesondere S. 84.

Dritter Abschnitt.

Anwendung der im zweiten Abschnitt niedergelegten Rechtsgrundsätze auf den Abandon in Italien und Portugal.

Aus den im zweiten Abschnitt niedergelegten Rechtsgrundsätzen soll die Nutzanwendung auf den Abandon des Güterversicherten in Italien und Portugal in der Weise gezogen werden, daß zunächst auf die Frage, ob in Italien und Portugal die Voraussetzungen für den Abandon des Güterversicherten gegeben sind, eine Antwort erteilt und alsdann dargelegt wird, daß und aus welchen Gründen die erteilte Antwort dem Wesen der Sache entspricht.

Unter dem ersteren Gesichtspunkte wird an erster Stelle der vorliegende Tatbestand daraufhin geprüft werden, ob er die notwendigen Merkmale eines Abandon*falles* aufweist. Ein weiteres Kapitel wird sich mit dem Vorliegen einiger anderer wesentlicher Tatbestandsmerkmale beschäftigen.

1. Unterabschnitt.

Sind in Italien und Portugal die Voraussetzungen für den Abandon des Güterversicherten gegeben?

1. Kapitel.

Ist der Abandon*fall* gegeben?

Ist der Abandon*fall* gegeben?

Von den Abandonereignissen des § 116 scheidet die Nehmung durch Seeräuber ohne weiteres aus, so daß sich die nachstehenden Untersuchungen von vornherein darauf werden beschränken können, festzustellen, ob der Abandon des Güterversicherten auf Grund einer Anhaltung der Güter durch Verfügung von hoher Hand gegeben ist. Dies würde, wie bereits im § 15 des Näheren dargelegt, voraussetzen:

1. den Stillstand des versicherten Transports als *Folge* einer außerordentlichen Anordnung der Staatsgewalt,
2. die Fortdauer dieses Stillstandes infolge Fortbestehens der Wirkungen der Anordnung („Nichtfreigabe"),
3. die hohe Wahrscheinlichkeit des Verlustes der Ware durch Aneignung seitens der Regierung infolge der Voraussetzungen zu 1) und 2),

4. das gleichzeitige Vorliegen aller dieser Voraussetzungen und zwar
5. zur Zeit der Abandonerklärung.

Eine Prüfung der hervortretendsten Ereignisse in Italien und Portugal auf das Vorliegen dieser Voraussetzungen hin ergibt folgendes:

§ 30. A. Kein Abandon, wo zur Zeit des Eingreifens der Regierung der Weitertransport bereits infolge der Einwirkungen des Weltkrieges unmöglich war.

In Italien wie in Portugal ist die erste und einschneidendste Einwirkung auf den Fortgang des Transports, das Anlaufen des neutralen Hafens wegen Kriegsgefahr, eine Folge des Kriegsausbruches im Jahre 1914. Alle Hemmungen und Behinderungen des Transports, die auf den Ausbruch des Weltkrieges zurückzuführen sind, scheiden daher für die Beurteilung der Frage, ob der Abandon wegen Anhaltung durch Verfügung von hoher Hand gegeben ist, ohne weiteres aus und können niemals zur Rechtfertigung des Abandon herangezogen werden. So ist weder in Italien noch in Portugal der Güterversicherte zum Abandon berechtigt in allen denjenigen Fällen, in denen zur Zeit des Eingreifens der Regierung der Weitertransport der Ware an den Bestimmungsort auf demselben Schiff, auf neutralem Schiff oder über Land bereits infolge der Einwirkungen des Weltkrieges unmöglich war. Das wird namentlich in entlegeneren Häfen zutreffen, wo das deutsche Schiff, mit dem die Ware kam, das einzige ist, mit dem auch der Weitertransport stattfinden könnte. Aber auch abgesehen von diesen Fällen wird die Unmöglichkeit des Weitertransports im Zeichen der englischen Seeherrschaft und mit Rücksicht auf den unter Englands Führung gegen Deutschland entfesselten Handelskrieg die Regel bilden; wenn auch die Aussichten einer Fortsetzung des Transports bei ausgehenden, meist für Übersee bestimmten Sendungen geringere sein werden, als bei eingehenden Sendungen wo es zur Beförderung der Ware an den Bestimmungsort nur des Überlandtransports bedarf. Hervorgehoben sei nur, daß für Portugal die Aussichten eines Weitertransports der Ware an den Bestimmungsort, jedenfalls für eingehende Sendungen, sehr viel schlechtere waren als für Italien, da ein Transport von Portugal nach Deutschland nie anders als über Feindesland geleitet werden konnte.

B. Rechtslage wenn der Weitertransport zur Zeit des Eingreifens der Regierung noch möglich war.

Es bleibt daher nur die Rechtslage zu prüfen, die sich für den Fall ergibt, daß ein Weitertransport der Ware an den Bestimmungsort ungeachtet der Einwirkungen des Weltkrieges zur Zeit des Eingreifens der Staatsgewalt noch möglich war. In diesem Falle hat sich die Prüfung auf das Vorliegen der vorstehend aufgeführten fünf Voraussetzungen einer Anhaltung durch Verfügung von hoher Hand zu erstrecken.

I. Italien.

§ 31. I. Italien. 1) Die hervor-

Die Entfernung der deutschen Schiffsmannschaft und die Einsetzung eines italienischen Marinekommandos an Bord bleibt als Abandonereignis außer

tretendsten Ereignisse in ihrer Bedeutung als Abandonmerkmal. Entfernung der deutschen Schiffsmannschaft. Entlöschung.

Betracht. Sie bringt zwar den Übergang auch der Ware in die tatsächliche Gewalt, in die Obhut des italienischen Kommandos mit sich, ist aber im übrigen eine offensichtlich nicht auf die Ware gerichtete Regierungsmaßnahme die auf die Fortsetzung des Transports der Ware an den Bestimmungsort weder mittelbar noch unmittelbar einwirkt oder auch nur einzuwirken bestimmt ist.

Die Entlöschung der Ware durch die Regierung kommt ebenfalls als Abandonereignis nicht in Frage, da sie nicht nur die Fortsetzung des Transports nicht hindert, sondern im Gegenteil jedem etwa noch möglichen Weitertransport notwendig vorausgehen mußte. Von Bedeutung ist die Entlöschung nur insofern, als mit ihr jede frühere Anhaltung, wie sie — entgegen der hier vertretenen Ansicht — etwa in der Entfernung der deutschen Schiffsmannschaft und Einsetzung eines italienischen Marinekommandos erblickt werden könnte, weggefallen sein würde, da es den Interessenten freigestellt war, über die Ware zu verfügen; und ferner insofern, als eine spätere Unmöglichkeit der Verfügung jedenfalls nicht mehr in der ursprünglichen Anhaltung, sondern in irgendeinem nachfolgenden Umstande ihren Grund haben würde.

Requisition der Schiffe.

Auch die Requisition der Schiffe ist ohne Einfluß und zwar nicht nur wo die Güter bereits gelöscht waren, also sich nicht mehr auf dem Schiffe befanden, sondern auch wo sie noch an Bord lagerten. Für sie gilt das gleiche wie für die Entlöschung, insofern sie nämlich auf die Fortsetzung des Transports weder mittelbar noch unmittelbar einwirkt.

Gerade in der ersten Zeit nach der Einsetzung des italienischen Marinekommandos war es nicht etwa die italienische Regierung, die sich dem Wunsche eines Ladungsinteressenten, über die Ware insbesondere durch Entlöschung zu verfügen, entgegengestellt hätte, da ja gerade die Regierung das größte Interesse daran hatte, die requirierten Schiffe zwecks anderweitiger Verwendung so schnell als möglich leer zu bekommen, sondern der von den Reedereien in Übereinstimmung mit den gesetzlichen Bestimmungen eingenommene Standpunkt, daß die Güter seitens der Reederei erst gegen Zahlung der darauf ruhenden Kosten und gegen Vorlage einer hierüber ausgestellten Bescheinigung — Auslieferungsschein, Freistellungsschein[1]) — erfolgen könne.

Einlagerung der Ware unter Zollverschluß.

Der regierungsseitigen Einlagerung der Ware unter Zollverschluß fehlt es an einer grundlegenden Voraussetzung jeder Anhaltung durch Verfügung von hoher Hand: dem in die Erscheinung getretenen Willen der Regierung, die Fortsetzung der Reise nicht zu dulden. Einen solchen Willen hat die italienische Regierung bei der Einlagerung der Ware unter Zollverschluß

[1]) Anhang Nr. 27.

in keiner Weise zu erkennen gegeben. Aus der Einlagerung selbst konnte er niemals geschlossen werden, denn diese Maßnahme konnte ihren Grund ebensowohl in der Absicht der Regierung haben, die Ware vor schädlichen Einwirkungen zu schützen, nachdem alle Deutschen das Land hatten verlassen müssen. Sie konnte mithin ebensowohl den Charakter einer im Interesse der Ladungsbeteiligten gelegenen auftraglosen Geschäftsführung tragen. Infolgedessen kann auch von einer Unmöglichkeit der Fortsetzung des Transports als Folge eben dieser Einlagerung schon deshalb nicht die Rede sein, weil nichts die Annahme rechtfertigt, daß dem Versicherten die Möglichkeit genommen war, seinerseits über die Ware im Sinne einer Fortsetzung des Transports zu verfügen. Im Gegenteil hat die italienische Regierung klar zum Ausdruck gebracht, daß die Ware unter Zollverschluß zur Verfügung der Eigentümer lagere, wie denn auch feststeht, daß die Einlagerung lediglich deshalb erfolgte, weil die Reedereien auf dem Standpunkt standen, daß die bezüglich der Schiffe getroffene Maßnahme der Regierung ungesetzlich sei, so daß für sie keinerlei Veranlassung vorliege, sich an der Entlöschung der Ladung, wie auch an der weiteren Behandlung derselben ihrerseits zu beteiligen. Die Einlagerung in die Zollmagazine geschah lediglich deshalb, weil die Ware nicht einfach auf den Kai geworfen werden konnte.

Endlich aber fehlt es bei der Einlagerung auch an dem notwendigen Erfordernis der Bedrohung. War doch nicht ein einziges Anzeichen vorhanden, aus dem mit hoher Wahrscheinlichkeit zu schließen gewesen wäre, daß der Verlust der Ware infolge Aneigung durch die Regierung bevorstehe.

Verweigerung der Erlaubnis zur Rücksendung von Waren deutschen Ursprungs nach Deutschland.

Ihren Willen, die Fortsetzung des Transports nicht zu dulden, hat die italienische Regierung allererst kundgegeben, als sie zunächst im einzelnen Falle ihre Erlaubnis zur Rücksendung von Waren deutschen Ursprungs nach Deutschland verweigerte. Mit diesem Augenblick stand für den Versicherten die Unmöglichkeit fest, seinerseits über die Ware im Sinne der Fortsetzung des Transports zu verfügen. Allererst mit diesem Augenblick konnte also von einer Verfügungsentziehung die Rede sein und dem Versicherer von einer solchen Anzeige gemacht werden. Eine „Bedrohung" in dem Sinne, daß die Regierung sich die Ware aneignen werden, folgte aus der Verweigerung der Rücksendung der Ware nicht.

Die erste öffentliche Bekundung des Willens der italienischen Regierung, die Fortsetzung des Transports nicht zu dulden, enthielt das Dekret vom 4. Februar 1916 betreffend das Verbot der Ein-, Aus- und Durchfuhr von Waren deutschen Ursprungs. In allen Fällen also, wo bis dahin eine Weigerung der Regierung, die Erlaubnis zur Rücksendung der Ware zu erteilen, noch nicht erfolgt war, schuf der Erlaß dieses Dekrets eine grundlegende

Voraussetzung jeder Anhaltung durch Verfügung von hoher Hand in Gestalt des nach außen hin in die Erscheinung getretenen Staatswillens. Indessen selbst dort, wo diese Willensäußerung ursächlich für den Stillstand des Transports wurde, lag zwar eine Anhaltung durch Verfügung von hoher Hand, nicht aber ein Abandonfall vor, da es an der notwendigen Voraussetzung der unmittelbar bevorstehenden Aneignung durch die Regierung, der „Bedrohung" fehlte.

Rundschreiben vom 22. April 1916.

Besonderer Prüfung bedürfen die regierungsseitigen Erklärungen, die in dem Rundschreiben vom 22. April 1916[1]) enthalten sind.

Anweisung zu beschleunigter Requisition geeigneter Güter.

Dahin gehört in erster Linie die Anweisung an die Verwaltungsbehörden, so rasch als möglich diejenige Ware, welche sie hierfür für geeignet hielten, zu requirieren. Diese Anweisung hatte für sich allein betrachtet nicht die Bedeutung eines selbständigen den Abandon rechtfertigenden Ereignisses. Sie konnte bestenfalls in Verbindung mit weiteren Regierungserklärungen Bedeutung für das Recht des Versicherten gewinnen. Wiederholt haben sich denn auch die Versicherten auf diese Anweisung als Beweis für die drohende Aneignung der Ware seitens der Regierung berufen. Indessen auch nach dieser Richtung hin kann dieser Anweisung die ihr beigemessene Bedeutung nicht zuerkannt werden. Sie schuf zwar von neuem eine Grundlage für die Requisition der deutschen Güter und damit die Möglichkeit, daß in ausgedehnterem Maße als bisher zur Requisition gegriffen wurde.

Dagegen rechtfertigt sie nicht grundsätzlich und ohne Rücksicht auf den einzelnen Fall die Annahme einer hohen Wahrscheinlichkeit des Totalverlustes durch Requisition. Um eine solche Annahme zu rechtfertigen, mußten vielmehr noch weitere Momente hinzukommen, wie z. B. der besondere Charakter der Ware — etwa hoher Wert, Seltenheit — der ihre demnächstige Requisition unabwendbar erscheinen ließ.

Indessen wollte man selbst das Moment der „Bedrohung" in Gestalt dieser Anweisung als gegeben betrachten, so würde ihm doch aus einem anderen Grunde jede Bedeutung für den Abandon abzusprechen sein. Die „Bedrohung" muß unmittelbar aus der Anhaltung durch Verfügung von hoher Hand folgen. Sofern nun überhaupt ein Weitertransport nach Ausbruch des Weltkrieges noch möglich war, ist er spätestens mit dem Erlaß des Verbots der Ein- und Durchfuhr von Waren deutschen Ursprungs unmöglich geworden. Eine „Bedrohung" konnte daher zur Rechtfertigung des Abandon nur herangezogen werden, wenn und soweit sie durch dieses Verbot selbst herbeigeführt war. Das aber ist bezüglich der erhöhten Aussicht auf Totalverlust, wie solche durch die Anweisung an die Verwaltungsbehörden, geeignet erscheinende Güter zu requirieren, erst geschaffen worden

[1]) Anhang Nr. 8.

ist, nicht der Fall. Diese „Bedrohung" hat ihre Ursache lediglich in der Regierungserklärung vom 22. April, kann also niemals zur Rechtfertigung eines Abandon auf Grund des sehr viel früheren Verbots der Ein- und Durchfuhr von Waren deutschen Ursprungs vom 10. Februar 1916 dienen.

Eine einschneidende regierungsseitige Erklärung ist in der Bestimmung des Rundschreibens enthalten, daß Güter aus deutschen Schiffen den deutschen Eigentümern nur gegen Hinterlegung des vollen Wertes und gegen Vorweisung der Originalkonnossemente und der Freistellungsscheine der Reederei herausgegeben werden sollen. Hinterlegung des vollen Wertes.

Praktische Bedeutung für den Abandon des Güterversicherten in Italien hat indessen diese Bestimmung nicht, da der Stillstand des Transports bereits durch das Verbot der Ein- und Durchfuhr von Waren deutschen Ursprungs herbeigeführt war, mithin niemals eine Folge dieser Bestimmung sein konnte. Es kann daher dahingestellt bleiben, ob die Tatsache der Verweigerung der Herausgabe der Ware mangels Hinterlegung des vollen Wertes oder der Erlaß der dahingehenden Regierungsanordnung für sich allein betrachtet oder in Verbindung mit der gleichzeitig ergangenen Anweisung an die Verwaltungsbehörden, die geeigneten Güter so bald als möglich zu requirieren, die Annahme einer den Abandon rechtfertigenden Anhaltung durch Verfügung von hoher Hand begründet.

Für die Güter in Italien entbehrt diese Frage schon deshalb der praktischen Bedeutung, weil die Forderung der Hinterlegung des vollen Wertes von der Regierung bereits Anfang Juni 1916, mithin noch nicht sechs Wochen nach Erlaß des Rundschreibens vom 22. April 1916, wieder fallen gelassen wurde, so daß eine durch diese Forderung etwa begründete Unmöglichkeit für den Versicherten, über die Ware im Sinne des Weitertransports zu verfügen, nicht während der vorgeschriebenen Frist des § 116 von sechs Monaten[1]) fortbestanden haben würde.

Auch der Androhung der öffentlichen Versteigerung aller binnen bestimmter Frist nicht herausverlangter Waren kommt irgendwelche selbständige Bedeutung für das Recht zum Abandon nicht zu. Daß sie insbesondere die Hauptmerkmale einer Anhaltung durch Verfügung von hoher Hand vermissen läßt, zeigt schon die darin ausgesprochene Erwartung, daß der Eigentümer sich zur Empfangnahme seiner Ware melden werde. Eine regierungsseitige Erklärung aber, die die Auslieferung der Ware an den Eigentümer nicht nur vorsieht, sondern geradezu bezweckt, kann niemals den Begriff einer Anhaltung erfüllen. Es könnte sonach die Androhung einer öffentlichen Versteigerung bestenfalls unter dem Gesichtspunkt einer Bedrohung der Ware mit Totalverlust Berücksichtigung finden. Das aber verbietet sich Androhung der öffentlichen Versteigerung aller binnen bestimmter Frist nicht herausverlangten Waren.

[1]) Nach der Hamburger Kriegsklausel zwei Monate.

aus den gleichen Gründen, wie sie für die Anweisung an die Verwaltungsbehörden, die geeignet erscheinenden Güter zu requirieren, oben darg legt worden sind, ganz abgesehen davon, daß der Versicherte es in vielen Fällen selbst in der Hand hatte, den durch Versteigerung drohenden Totalverlust durch Ansichnehmen der Ware, besonders auch im Wege des Verkaufs abzuwenden.

Möglichkeit des Verkaufs.

Verbot von Rechtsgeschäften.

Das am 18. Juli 1916 erlassene Verbot von Rechtsgeschäften für Angehörige des deutschen Reichs konnte den Abandon schon um deswillen nicht rechtfertigen, weil die Unmöglichkeit der Fortsetzung des Transports der Ware an den Bestimmungsort bereits spätestens im Februar 1916 als Folge des Verbots der Ein-, Aus- und Durchfuhr von Waren deutschen Ursprungs eingetreten war. Es kann daher dahingestellt bleiben, ob dieses Verbot für sich allein betrachtet die Voraussetzungen für einen Abandon wegen Anhaltung durch Verfügung von hoher Hand erfüllt.

Handelsverbot.

Das gleiche gilt von dem mit Dekret vom 8. August 1916 erlassenen Handelsverbot. Wenn es daher bei Curti[1]) ausdrücklich heißt:

> „Durch die italienischen Dekrete vom 18. Juli und 8. August 1916 „über die Behandlung deutschen Eigentums sowie die Kriegserklärung vom 27. August 1916 ist den deutschen Eigentümern die „Verfügung über die gelöschte Ware unmöglich gemacht worden."

so kann dies lediglich dahin verstanden werden, daß dem deutschen Eigentümer alles das, was er nach Sachlage zur Wahrung seiner Interessen an der Ware hätte unternehmen können, nunmehr unmöglich gemacht ist.

2) Ergebnis für Italien.

Die vorstehende Untersuchung führt sonach zu dem Ergebnis, daß die Entwicklung der Dinge in Italien zwar auf der einen Seite eine Reihe von Erreignissen gezeitigt hat, von denen ein jedes die eine oder andere der Voraussetzungen eines rechtsgültigen Abandon in sich schließt, auf der anderen Seite aber niemals dazu geführt hat, daß in ein und demselben Zeitpunkte sämtliche Tatbestandsmerkmale eines Abandonfalles vorlagen.

Wenn trotzdem die Gerichte bereits mehrfach die Berechtigung eines für Güter in italienischen Häfen ausgesprochenen Abandon anerkannt haben, so hat das jedesmal seinen Grund in einer Verkennung oder doch unrichtigen Einschätzung der einzelnen Abandonvoraussetzungen gehabt.[2])

Teils haben die Gerichte sich daran genügen lassen, eine Reihe von Umständen festzustellen, die zusammen genommen einen Zustand des Bedrohtseins, der Gefährdung der Ware, herbeiführten, teils bestimmte Ereignisse, die der Versicherte für sich in Anspruch nahm, in ihrer Tragweite für den Abandon unrichtig eingeschätzt. So wird z. B. in einem Urteil des Landgerichts Hamburg, Kammer 4 für Handelssachen vom 23. Mai 1917 in Sachen

[1]) a.a.O. S. 95.

[2]) Vgl. die Urteile des Landgerichts und Oberlandesgerichts Hamburg in H.G.Z. 1917. N. 84.

Garrels & Börner gegen 1.) Badische Assekuranz Gesellschaft Akt. Ges. 2.) Frankfurter Allgemeine Versicherungsgesellschaft[1]) der vom Versicherten erklärte Abandon für berechtigt erklärt auf Grund der Einlagerung der Ware in die Zollmagazine von Syrakus. In dieser Inbesitznahme der Güter durch die italienische Regierung erblickt das Gericht eine Anhaltung durch Verfügung von hoher Hand im Sinne des § 116 A.S.V.B. Hiermit, in Verbindung mit der Möglichkeit der Beschlagnahme erachtet das Gericht die Voraussetzung des Abandon für gegeben, wobei es sich weiter darauf stützt, daß der Versicherte in der Verfügung über die Güter behindert war, und solche Behinderung, soweit sie bereits vorher bestanden haben sollte jedenfalls einen höheren und deshalb in Betracht zu ziehenden Grad erreicht habe. Dieser Entscheidung kann schon in ihrer Würdigung der Inbesitznahme nicht beigetreten werden. In den Besitz der Italiener war, wie bereits oben dargelegt, die Ware bereits mit der Einsetzung des italienischen Marinekommandos an Bord übergegangen. Dieser Inbesitznahme hat das Gericht keinerlei Bedeutung beigemessen, vielmehr anerkannt, daß, nachdem einmal die deutsche Besatzung aus Syrakus verwiesen war, die Besetzung des Dampfers mit einer italienischen Mannschaft im Interesse der Beteiligten lag. Dann fehlt es aber auch an jedem Grunde, die Einlagerung der Ware in die Zollmagazine und die damit notwendig verbundene Inbesitznahme anders zu bewerten, umsomehr als dieselbe ebenfalls schon deshalb erfolgen mußte, weil die Ware, nachdem sie einmal entlöscht war, unmöglich auf den Kais verbleiben konnte.

II. Portugal.

§ 32. II. Portugal.

Wesentlich einfacher als für Italien beantwortet sich die Frage, ob die Voraussetzungen für einen Abandon wegen Anhaltung durch Verfügung von hoher Hand gegeben sind, für Portugal.

1. Die hervortretendsten Ereignisse in ihrer Bedeutung als Abandonmerkmal.

Auch dort bedarf es, sofern ein Weitertransport der Ware an den Bestimmungsort ungeachtet der Einwirkungen des Weltkrieges noch möglich sein oder doch gewesen sein sollte, der weiteren Prüfung, ob die Entwickelung der Dinge in Portugal Ereignisse gezeitigt hat, die nicht nur ihrerseits den Weitertransport verhindert haben, sondern auch im übrigen die Voraussetzungen einer Anhaltung durch Verfügung von hoher Hand erfüllen.

Requisition der Schiffe.

Für die durch Dekret vom 23. Februar 1916 ausgesprochene Requisition der deutschen Schiffe in portugiesischen Häfen gilt das gleiche, wie für die Requisition der Schiffe in Italien.

Entlöschung und Einlagerung.

Auch die Entlöschung der Ware und ihre Einlagerung in die Zollmagazine wird für Portugal nicht anders zu beurteilen sein, wie für Italien.

[1]) Aktenzeichen U. IV. 240/16.

§ 32.

Kriegserklärung Deutschlands an Portugal. Die Kriegserklärung Deutschlands an Portugal bewirkte, daß künftig ein Abandon, wenn überhaupt, so nur noch gegenüber dem Kriegsversicherer zulässig war.

Von einschneidendster Bedeutung erwies sich dagegen aus dem Kreise der regierungsseitigen Anordnungen vor allem die Bestimmung des Dekrets vom 22. April 1916, daß die Güter aus deutschen Schiffen in Verwahrsam und Verwaltung gegeben und nach Beendigung des Krieges ohne Entschädigung zurückgegeben werden. Darin fand der Wille der portugiesischen Regierung, die Fortsetzung des Transports deutscher Güter an den Bestimmungsort nicht zu dulden, seinen unzweideutigen Ausdruck. Sofern also bis dahin noch irgendeine Möglichkeit des Transports an den Bestimmungsort bestanden haben sollte, war sie durch diese Regierungserklärung, sei es allein, sei es in Verbindung mit der bereits erfolgten Einlagerung in die Zollmagazine, endgültig vereitelt. In diesem Falle würde daher dieser Bestimmung des portugiesischen Dekrets der Charakter einer Anhaltung durch Verfügung von hoher Hand ohne weiteres zuzusprechen sein. Dennoch würde dieselbe den Abandon des Güterversicherten selbst dann nicht rechtfertigen, wenn bis dahin ein Weitertransport der Ware an den Bestimmungsort noch möglich gewesen sein sollte, denn es fehlt an dem weiteren Tatbestandsmerkmal der „Bedrohung". Nicht nur, daß die in demselben Dekret vorbehaltene Möglichkeit der Requisition oder der öffentlichen Versteigerung der Ware ebensowenig wie in Italien den erforderlichen hohen Grad der Wahrscheinlichkeit des Totalverlustes durch Aneignung seitens der Regierung in sich schließt, sondern es steht der Annahme eines unmittelbar drohenden Totalverlustes die im gleichen Dekret klar und unzweideutig abgegebene Erklärung entgegen, daß die Güter nach Beendigung des Krieges ohne Entschädigung zurückgegeben werden sollen. Einer solchen unzweideutigen Regierungserklärung gegenüber, die den Aneignungswillen der Regierung ohne weiteres ausschließt, kann der Versicherte mit dem bloßen Hinweis auf die Unzuverlässigkeit der Portugiesen nicht gehört werden. Vielmehr muß eine ungeachtet dieser Erklärung behauptete hohe Wahrscheinlichkeit des Totalverlustes durch Aneignung seitens der Regierung durch ganz bestimmte Tatsachen belegt werden. Die Haltung der portugiesischen Regierung in der Folgezeit hat jedenfalls in keiner Weise erkennen lassen, daß es der Regierung mit ihrer Erklärung nicht ernst gewesen sei.

2. Ergebnis für Portugal. Nach alledem wird man auch für Portugal die Frage zu verneinen haben ob für den Güterversicherten ein Abandonfall in Gestalt einer Anhaltung der Ware durch Verfügung von hoher Hand gegeben war.

Besonderer Hervorhebung verdient für Italien wie für Portugal, daß überall wo die Möglichkeit für den Versicherten noch bestand, zwar nicht durch Weitertransport, aber doch durch Verkauf oder in anderer Weise über die Ware zu verfügen, durch solche Möglichkeit die Annahme, wenn auch nicht einer Anhaltung durch Verfügung von hoher Hand im einzelnen Falle, so doch einer „Bedrohung" ohne weiteres ausgeschlossen war, so daß schon aus diesem Grunde der Abandonfall nicht gegeben ist.

2. Kapitel.
Sonstige Abandonvoraussetzungen.

§ 33. Sonstige Abandonvoraussetzungen.

A. Interesse des Versicherten an der weggefallenen Möglichkeit des Weitertransports.

Ebenso wie an einem Abandon fall, fehlt es aber sowohl in Italien wie in Portugal auch an anderen wesentlichen Abandonvoraussetzungen. Des Falles, wo der Versicherte an der weggefallenen Möglichkeit des Weitertransports kein Interesse mehr hat, sei nur beiläufig Erwähnung getan. Er gewinnt praktische Bedeutung, wenn sich dem Güterversicherten in Italien und Portugal noch bevor diese Länder aus ihrer Neutralität heraustraten, eine Gelegenheit bot, die Ware ihrem Bestimmungsort zuzuführen, der Versicherte aber diese Gelegenheit nicht ergriff, weil er hoffte, besser zu fahren, wenn er sich abwartend verhielt. Nimmt dann der Versicherte eine Maßnahme der Regierung als Abandongrund für sich in Anspruch, so wird ihm das Recht zum Abandon zu versagen sein, da es Zweck und Grundgedanken des Abandon widersprechen würde, dem Versicherten zu ermöglichen, mit Hilfe des Abandon auf Kosten des Versicherers zu spekulieren.

B. Einfluß unterlassener oder ungenügender Unfallsanzeige

Praktisch von noch größerer Tragweite ist der Einfluß unterlassener oder ungenügender Unfallsanzeige auf das Abandonrecht (§ 20).

Als Italien und Portugal sich zu einem positiven Eingreifen zu Ungunsten Deutschlands entschlossen und die deutschen Schiffe requirierten, wurden die beteiligten Versicherungsgesellschaften mit Schadensandienungen förmlich überschwemmt. Diese Schadensandienungen entsprachen zum großen Teil den an eine Anzeige im Sinne der §§ 116, 65 A.S.V.B. zu stellenden Anforderungen nicht, soweit sie sich nämlich darauf beschränkten, auf diese oder jene durch die Presse oder auf anderem Wege in die Öffentlichkeit gelangte Nachricht über das Schicksal des Schiffes zu verweisen. Daß der Güterversicherer Anspruch auf eine Nachricht von dem Schicksal der versicherten Güter, auf die Mitteilung von einem eingetretenen Schaden oder Abandonereignis habe, schien in Vergessenheit geraten zu sein. Schadensandienungen des Inhalts, daß dem Versicherten zufolge der Requisition des Schiffes die Verfügung über die Ware entzogen sei, waren auch dort an der Tagesordnung, wo irgendwelche Nachrichten über das Schicksal der deutschen Güter nicht vorlagen, und es für die Annahme, daß auch die in dem nach wie vor im Hafen stilliegenden Schiffe verladenen Güter von einem Schadens- oder

Abandonereignis betroffen worden seien, an jedem Anhaltspunkte fehlte. Die Folge der nicht nur verfrühten, sondern auch mangels jeder Beziehung auf die Güter unbegründeten und daher rechtsunwirksamen Anzeige war, daß auch die Frist des § 116 A.S.V.B. von einem unrichtigen Zeitpunkt ab gerechnet wurde, was wiederum zu einer verfrühten und daher rechtsunwirksamen Abandonerklärung führte. Wo daher die Versicherten, auch als die ersten Nachrichten von dem Schicksal der Güter eintrafen, dem Versicherer eine gültige Anzeige nicht gemacht hatten, konnte ihnen auch ein Abandonrecht und damit ein Anspruch auf Zahlung der vollen Versicherungssumme nicht erwachsen. So scheitert der Anspruch auf Zahlung der vollen Versicherungssumme nicht nur daran, daß der Abandonfall nicht gegeben ist, sondern in zahlreichen Fällen auch an der Unterlassung der vorgeschriebenen Anzeige von dem Eintritt des Abandonereignisses.

Nach deutschem Seeversicherungsrecht kann — das ist das bisherige Ergebnis der vorliegenden Abhandlung — der Anspruch des Güterversicherten auf Zahlung der vollen Versicherungssumme für nicht requirierte Güter aus deutschen Schiffen in italienischen und portugiesischen Häfen weder auf Totalverlust noch auf Abandon gestützt werden.

2. Unterabschnitt.

Die Versagung des Abandonrechts ist innerlich gerechtfertigt, im Wesen der Sache begründet.

Die im Vorangegangenen entwickelten Rechtsgrundsätze lassen nachgeprüft an Hand der Ereignisse klar erkennen, daß die Versagung des Abandonrechts für die Güter in Italien und Portugal innerlich gerechtfertigt, im Wesen der Sache begründet ist; und zwar einerseits durch die Besonderheit des Tatbestandes in Italien und Portugal gegenüber den bisher zur Grundlage des Abandonrechts gemachten Tatbeständen und andererseits durch die Veränderung der tatsächlichen Verhältnisse.

1. Kapitel.

Die Besonderheit des Tatbestandes in Italien und Portugal.

Die Besonderheit des Tatbestandes in Italien und Portugal.

Nicht darin liegt in Italien und Portugal das Besondere des Falles, daß der Versicherte gegen eine Gefahr nicht gedeckt wäre, gegen die er mit Recht gedeckt zu sein wähnt.

Gegen alle Gefahren würde er nur bei der Versicherung „gegen alle Gefahr" gedeckt sein. Er weiß also, daß er bei der von ihm gewählten Versicherungsart stets in einigen Punkten ungedeckt bleibt. In den hier fraglichen Fällen ist aber, wie oben[1]) dargelegt, der Versicherte tatsächlich weitergedeckt gleichgültig, ob „nur für Seegefahr" oder auch gegen Kriegsgefahr versichert ist. Die Besonderheit für den Versicherten in Italien und Portugal besteht daher allein darin, daß das Vorliegen eines jener seltenen Ausnahmefälle verneint wird, in denen der Versicherte berechtigt ist, vor Eintritt eines zu Lasten des Versicherers gehenden Schadens die Zahlung der vollen Versicherungssumme zu verlangen.

A. Der Tatbestand weist nicht alle Tatbestandsmerkmale des §116 auf.

§ 34. A. Der Tatbestand weist nicht alle Tatbestandsmerkmale des § 116 auf.

Wie oben bereits dargelegt, beruht die Unanwendbarkeit des § 116 A.S.V.B. auf den Tatbestand in Italien und Portugal nicht etwa auf dem Fehlen einer formalen Voraussetzung. Vielmehr ist der Tatbestand, dessen Unterstellung unter den § 116 abgelehnt wird, von den bisher zur Grundlage des Abandon nach § 116 gemachten Tatbeständen in wesentlichen Punkten grundsätzlich verschieden. Der wesentlichste hiervon ist der, daß während § 116 den Fall der Unterbrechung des Transports eben durch das Abandonereignis im Auge hat (Anhaltung durch Verfügung von hoher Hand) in Italien und Portugal der Transport bereits seit Jahr und Tag vereitelt war, als die Ereignisse eintraten, auf die der Abandon gestützt wird. Wenn ungeachtet dieser tiefgreifenden Verschiedenheit zwischen dem Tatbestand in Italien und Portugal und den im § 116 vorgesehenen Tatbeständen die Forderung erhoben wird, bezüglich der deutschen Güter in Italien und Portugal den Abandon zuzulassen, so ist dem zunächst die Frage entgegenzustellen, welche besonderen Tatbestandsmomente die gleiche Behandlung der Fälle in Italien und Portugal mit den im § 116 vorgesehenen Tatbeständen rechtfertigen. Nicht die Unmöglichkeit des Weitertransports der Ware an den Bestimmungsort kann hier ins Feld geführt werden. Italien und Portugal waren bei Ausbruch des Weltkrieges keineswegs die einzigen neutralen Staaten, in deren Häfen deutsche Schiffe Zuflucht suchten. Auch heute noch liegen in anderen neutralen Häfen Güter aus deutschen Schiffen seit mehr als drei Jahren ohne irgendwelche Aussicht, ihren Bestimmungsort vor Kriegsende zu erreichen. Auch dort ist das Kapital der deutschen Ladungsbeteiligten auf unbestimmte Zeit dem Versicherten entzogen. Auch dort, ebenso wie in Italien

Die Fortsetzung des Transports war bereits durch den Ausbruch des Weltkrieges vereitelt, als nach Jahr und Tag der Abandon erklärt wurde.

[1]) § 6 S. 34.

und Portugal, ist die Zahlung der vollen Versicherungssumme schon vor Ende des Weltkrieges für den Versicherten ein „kommerzielles Bedürfnis, weil große zum Umlauf bestimmte Geschäftskapitalien im Falle der Auszahlungsverzögerung in einer die kaufmännischen Interessen schädigenden Weise dem Handelsverkehr vorenthalten werden."[1]) Und dennoch haben alle diese Umstände noch keinen Versicherten auf den Gedanken gebracht, für seine seit Ausbruch des Weltkrieges in Spanien lagernden Güter den Abandon zu erklären. Sollte daher überhaupt ein aus besonderen Tatbestandsmomenten herzuleitender innerer Grund dafür vorliegen, dem Versicherten deutscher Güter in Italien und Portugal die volle Versicherungssumme zuzusprechen, in Spanien dagegen nicht, so müßte er schon auf anderem Gebiet zu suchen sein. In Ermangelung solcher Gründe kann die Frage nur dahin gestellt werden, ob der Abandon einer seit Jahr und Tag stilliegenden Ware, deren Weitertransport endgültig ausgeschlossen ist, auf Grund der Vorschriften der §§ 116ff. um deswillen zu gestatten ist, weil einerseits die Ware umgelagert, in feindliche Obhut übergegangen, und die Möglichkeit ihrer Requisition nähergerückt, und andererseits der Versicherte bestimmter Verfügungsmöglichkeiten untergeordneter Art, insbesondere der Möglichkeit des Verkaufs, beraubt ist.

§ 35. B. Die analoge Anwendung der Grundsätze der §§ 116 ff. ist ausgeschlossen.

B. Die analoge Anwendung der Grundsätze der §§ 116 ff. ist ausgeschlossen.

Die Gewährung des Abandonrechts bei solcher Sachlage würde eine Ausdehnung des Anwendungsgebietes der §§ 116 ff. A.S.V.B. in einem Umfange bedeuten, wie sie rechtlich nur im Wege der Analogie möglich wäre, d. h. wenn die Ähnlichkeit der Tatbestände es gestattet, dem Güterversicherten in Italien und Portugal dieselbe Stellung einzuräumen, wie sie ihm § 116 unter ganz bestimmten Voraussetzungen verleihen würde.

Einer analogen Rechtsanwendung steht indessen der Charakter des § 116 A.S.V.B. als einer ausgesprochenen Ausnahme- (Spezial) Vorschrift entgegen. Eine Auflösung des § 116 in den darin enthaltenen Gedanken läßt dies unschwer erkennen. Den Bestimmungen des Handelsgesetzbuches und der Allgemeinen See-Versicherungs-Bedingungen über Verschollenheit und denjenigen über die Bedrohung durch den Eintritt einiger genau bezeichneter Ereignisse liegt der gemeinsame Gedanke zu Grunde, daß in bestimmten schwerwiegenden Fällen, wo dem Versicherten durch außergewöhnliche Ereignisse die Verfügung über den Gegenstand der Versicherung derart

[1]) So Bewer a.a.O. S. 425.

entzogen ist, daß er sich außerstande sieht, das versicherte Unternehmen zu einem glücklichen Ende zu führen, und wo ihm ferner von einem bestimmten Zeitpunkte an nicht zugemutet werden soll, abzuwarten, was aus dem versicherten Gegenstande werden wird, der Versicherte bei Einhaltung bestimmter dem Schutze des Versicherers dienender Vorschriften berechtigt sein soll, Zahlung der vollen Versicherungssumme zu fordern. Dies ist zugleich der einzige Gedanke, der dem Tatbestand des § 116 und demjenigen in Italien und Portugal gemeinsam entnommen werden könnte, da im übrigen wegen Fehlens wesentlicher Tatbestandsmerkmale für die Aufdeckung eines gemeinsamen Gedankens an eine unmittelbare Anknüpfung an die Vorschriften des § 116 Ziffer 2 nicht zu denken ist. In die Form eines Rechtssatzes gekleidet würde der Grundgedanke des § 116 etwa dahin lauten, daß der Versicherte berechtigt sein soll, die Zahlung der vollen Versicherungssumme zu fordern, wenn ihm die Verfügung über den versicherten Gegenstand im Sinne einer Fortsetzung des Transports praktisch unmöglich ist und dieser Zustand praktischer objektiver Unmöglichkeit während einer bestimmten Frist angedauert hat. Ein solcher die sämtlichen Fälle des § 116 einschließlich der Verschollenheit umfassender Rechtssatz würde die Ausdehnung der Vorschrift der §§ 116 ff., insbesondere also die Erweiterung der Haftung des Versicherers in einer bis dahin unerhörten nirgends vorgesehenen Weise und zugleich nichts Geringeres bedeuten, als die Aufstellung der Regel zu der bis dahin allein vorhandenen Ausnahmevorschrift des § 116. Und hierin liegt in der Tat der eigentliche Grund, der jede analoge Anwendung der singulären Vorschrift des § 116 verbietet. Diese Bestimmung ist, wie bereits dargelegt, gegen den ausgesprochenen Widerspruch der norddeutschen Seeplätze in das Handelsgesetzbuch aufgenommen worden und von dort in die Bedingungen übergegangen. Man hat mit voller Absicht nur eine beschränkte Anzahl ganz bestimmter Tatbestände als Voraussetzung des Abandon zulassen wollen und damit von vornherein klar zum Ausdruck gebracht, daß man weitere Fälle nicht anerkenne. Endlich ist aber eine analoge Anwendung des § 116 auf einen ähnlichen Tatbestand auch deshalb ausgeschlossen, weil die gesamten Bestimmungen über den Abandon und insbesondere auch über die Geltendmachung desselben (§§ 116—126) ausschließlich auf die wenigen im § 116 näher umgrenzten Tatbestände abgestellt sind und eine unveränderte Anwendung auf „ähnliche Tatbestände" daher schlechterdings nicht dulden. Es mag nach dieser Richtung hin ein Hinweis auf die Fristbestimmung genügen, die, unverändert auf ähnliche Tatbestände angewendet, zu schweren Unzuträglichkeiten führen müßte.

Mit dem Versagen der Analogie ist aber auch jeder andere Weg für eine Anwendung der Bestimmungen der §§ 116 ff ausgeschlossen.

§ 36. Die Veränderung der tatsächlichen Verhältnisse.

2. Kapitel.

Die Veränderung der tatsächlichen Verhältnisse.

Die Versagung des Abandonrechts findet aber weiter ihre innere Rechtfetigung in der Veränderung der tatsächlichen Verhältnisse seit dem Inkrafttreten der Allgemeinen See-Versicherungs-Bedingungen und infolge des Weltkrieges.

A. Seit Inkrafttreten der Allgemeinen See-Versicherungs-Bedingungen.

A. Seit Inkrafttreten der Allgemeinen Seeversicherungs-Bedingungen.

Der § 116 A.S.V.B. stammt ebenso wie der Artikel 865 A.D.H.G.B. aus den sechziger Jahren des vorigen Jahrhunderts, mithin aus einer ehrwürdigen längst vergangenen Zeit, mit der wohl die wenigsten unter der jetzt lebenden Generation persönliche Erinnerung oder persönliches Erleben verknüpft.

Seit dieser Zeit hat die Seeschiffahrt eine Entwickelung genommen, die völlig neue Verhältnisse geschaffen hat. Wenn in früheren Zeiten ein Schiff in fernen Meeren beschlagnahmt und die Güter ausgeladen wurden, so war bei dem noch unvollkommenen Nachrichtendienst im Weltverkehr die Gefahr für die Güter und die Wahrscheinlichkeit des Totalverlustes eine weit größere als heute, wo durch die Vervollkommnung nicht nur des Telegraphenwesens — Funkentelegraphie! — sondern der überseeischen Verbindungen überhaupt eine Verständigung, und damit auch die Wiedererlangung des Schiffes oder der Güter wesentlich erleichtert ist. Man durfte daher in der Tat damals mit Recht davon ausgehen, daß in den Fällen der Anhaltung, Aufbringung usw. die Gefahr des Totalverlustes wohl meist einen hohen Grad erreichen werde.

Vor allem aber berechtigten die Erfahrungen, wie sie in den sechziger Jahren des vorigen Jahrhunderts vorlagen, zu der Überzeugung, daß es sich bei den Ereignissen, an deren Eintritt die Berechtigung zum Abandon geknüpft wurde, immer nur um seltene Ausnahmefälle handeln werde, deren Seltenheit eben die Anwendung der einschneidenden singulären Abandonmaßregel unbedenklich erscheinen lasse. Kriege, die die Seeschiffahrt in Mitleidenschaft zogen, hatte es bis dahin immer nur zwischen einigen wenigen Völkern gegeben.

B. Veränderung der tatsächlichen Verhältnisse infolge des Weltkrieges.

B. Veränderung der tatsächlichen Verhältnisse infolge des Weltkrieges.

Dem gegenüber schuf der Weltkrieg völlig neue Verhältnisse. Denn mit Englands Handelskrieg wurde die Beschlagnahme deutscher Schiffe und

Güter, wo immer England sie erreichen konnte, zur Regel. So blieb der völkerrechtliche Schutz, dessen sich bis dahin feindliches Eigentum im Kriegsfalle erfreut hatte, deutschem Eigentum versagt, und so verloren die Fälle die man seinerzeit als eine Art Kuriosum durch eine Ausnahmevorschrift geehrt hatte, vollkommen ihren Ausnahmecharakter. Nicht darin also liegt das Neue an den Geschehnissen des Weltkrieges, daß durch Eingriffe eines einzelnen Staates die Interessen Privater geschädigt werden; neu ist vielmehr der gewaltige Umfang dieser über den ganzen Erdball sich geltend machenden Einwirkung der Kriegführung gegen ein einzelnes Land. Es herrscht denn auch in sachverständigen Kreisen der Seeversicherer sowohl wie der Kaufmannschaft kein Zweifel darüber, daß zur Zeit des Inkrafttretens des Allgemeinen Deutschen Handelsgesetzbuches im Jahre 1861 ebenso wie im Jahre 1867 — dem Schöpfungsjahre der Allgemeinen See-Versicherungs-Bedingungen — niemand mit den Verhältnissen gerechnet hat und rechnen konnte, wie sie sich jetzt im Verlauf des Weltkrieges entwickelt haben. So hat der Weltkrieg für die Seeversicherung eine ganz neue Lage geschaffen. Das gilt nicht zum wenigsten auch für das Abandonrecht, das „eine Bedeutung gewonnen hat, wie sie ihm bisher niemals zugekommen ist."[1])

Wo aber die tatsächlichen Verhältnisse eine derartige Umwälzung erfahren haben, da ist bei Anwendung alter, aus längst entschwundener Zeit stammender Rechtsnormen jedenfalls die allergrößte Zurückhaltung am Platze; und es erscheint von vornherein im höchsten Grade bedenklich, eine Vorschrift wie §116 A.S.V.B., die nicht ein Prinzip, sondern eine ausgesprochene Ausnahme enthält, lediglich deshalb zur Anwendung zu bringen, weil ihr Wortlaut den zur Entscheidung stehenden Fall zu treffen scheint, ohne Rücksicht darauf, ob solche Anwendung zu einem der Billigkeit entsprechenden Ergebnis führt oder nicht.

---

[1]) So Pauly a.a.O.

Vierter Abschnitt.

Sieht man selbst von den aus der Besonderheit des Tatbestandes sowohl wie aus der Wandelung der Verhältnisse gegen die Zubilligung des Abandonrechts sich ergebenden Bedenken ab, so fällt dennoch für die Versagung des Anspruchs auf Zahlung der vollen Versicherungssumme entscheidend ins Gewicht, daß sie allein nicht nur der Billigkeit entspricht, sondern auch eine gesunde Rechtsentwickelung sichert.

1. Unterabschnitt.

Die Versagung des Anspruchs auf Zahlung der vollen Versicherungssumme entspricht der Billigkeit, weil sie dem vermutlichen Vertragswillen Rechnung trägt und auf einer gerechten Abwägung der Interessen beider Vertragsschließenden beruht.

§ 37. Die Versagung des Anspruchs auf die volle Versicherungssumme trägt dem vermutlichen Vertragswillen Rechnung.

1. Kapitel.

Die Versagung des Anspruchs auf die volle Versicherungssumme trägt dem vermutlichen Vertragswillen Rechnung.

Die Auslegung der §§ 116 ff A.S.V.B., 861 H.G.B. ergab ihre Unanwendbarkeit nach Wortlaut und Inhalt auf die Verhältnisse in Italien und Portugal. Der Wortlaut verbot die Anwendung, weil es dem Sprachgebrauch zuwiderläuft, von „Anhaltung" zu sprechen, wo eine Bewegung nicht in Frage steht. Der Sinn rechtfertigte die Anwendung nicht, weil überall, wo im deutschen Versicherungsrecht von „Anhaltung" die Rede ist, dem Sprachgebrauch entsprechend nur solche Ereignisse gemeint sind, die einen Stillstand des versicherten Unternehmens herbeiführen. Und endlich ergab auch ein Zurückgehen auf den Grundgedanken der Bestimmung und auf den mit ihr im Rahmen des übrigen verfolgten Zweck, daß die Erwägungen, die zu ihrer Schaffung geführt haben, auf die veränderten Verhältnisse in wesentlichen Punkten nicht mehr zutreffen. Sonach führt eben die Untersuchung über Sinn und Wortlaut des § 116 zu dem Ergebnis, daß diese Bestimmung und mit ihr jede Erörterung über ihre „Auslegung" im eigentlichen Sinne ausscheidet. Es liegt ein neuer völlig selbständiger Tatbestand vor, der eine Unterstellung weder unter den § 116, noch unter eine andere bestimmte Vertragsnorm gestattet. Rechtlich bedeutet dies, daß es an einer Willenskundgebung der Versicherungsparteien darüber fehlt, ob bei einem Sachverhalt, wie er für die Güter in italienischen und portugiesischen Häfen nunmehr vorliegt, der Versicherte Anspruch auf Zahlung der vollen Versicherungssumme haben sollte. Die Frage ist nicht mehr, wie eine gegebene bestimmte Willenserklärung der Vertragsschließenden auszulegen ist[1]), noch ob ein zur Entscheidung stehender Fall dieser oder jener Bestimmung nach ihrem Wortlaut oder dem ihr bis dahin beigelegten Sinn unterliegt, sie geht vielmehr mangels einer den gegebenen Tatbestand treffenden Willenserklärung zurückgreifend auf den Vertrag als ganzes dahin: Was würden die Vertragsschließenden für den in Italien und Portugal vorliegenden Tatbestand vereinbart haben, wenn sie beim Vertragsschluß die Möglichkeit seines Eintritts berücksichtigt hätten? anders ausgedrückt: wie würden voraussichtlich die Vertragsschließenden — oder, wo es sich um eine für den Vertrag maßgebende Gesetzbestimmung handelt, der Gesetzgeber — die zur Entscheidung stehende Frage geregelt haben, wenn sie die zur Wirklichkeit gewordene Entwicklung hätten voraussehen können?

Also: Ermittelung des Vertragswillens im Sinne einer Ergänzung desselben aus Inhalt und Sinn des Vertrages heraus.[2]) So sicher nun, wie man annehmen darf, daß die Vertragsschließenden zu einer Einigung gekommen sein würden, so wenig wird sich heute mit nur annähernder Bestimmtheit feststellen lassen, auf welcher Grundlage diese Einigung über die Vertragsfolgen eines so vielseitigen Tatbestandes erzielt worden wäre, wie er bezüglich der Güter in Italien und Portugal vorliegt. Hinzukommt, daß die Auslegung von Versicherungsverträgen mit Rücksicht auf deren Eigenart, die schon an und für sich, namentlich was praktische Kenntnisse auf dem Gebiete von Handel und Schiffahrt anlangt, erhebliche Ansprüche an den Auslegenden stellt, mit besonderer Vorsicht zu handhaben ist, wo sie, wie vorliegend, im Sinne einer Ergänzung des Vertragswillens zu erfolgen hat.

Das Interesse der Parteien geht naturgemäß auseinander.

Der Versicherte, der praktisch, wenn überhaupt, so nur unter erheblichen Schwierigkeiten über die Ware verfügen kann, hat ein lebhaftes Interesse daran, ebenso gestellt zu sein, wie im Falle des Totalverlustes, d. h. Zahlung der vollen Versicherungssumme fordern zu können gegen Überlassung aller Rechte an der Ware an den Versicherer.

Anders der Versicherer. Das ganze Geschäft des Seeversicherers ist auf einer Summe gesammelter Erfahrungen aufgebaut, die ihrerseits die Grundlage für die Berechnung der Rentabilität des Unternehmens, insbe-

---

[1]) § 133 B.G.B.: „Bei der Auslegung einer Willenserklärung ist der wirkliche Wille „zu erforschen und nicht an dem buchstäblichen Sinne des Ausdrucks zu haften."

[2]) § 157 B.G.B.: „Verträge sind so auszulegen, wie Treu und Glauben mit Rücksicht auf die Verkehrssitte es erfordern."

sondere für die Prämienberechnung, bilden. Der Versicherer ist daher stark dahin interessiert, von der Haftung für ein Risiko befreit zu sein, das er in seine Rechnung nicht eingestellt hatte und dem infolgedessen die Höhe der gezahlten Prämie nicht entsprach. Eine Abwägung der Interessen der Vertragsschließenden gegeneinander ergibt daher, daß keine der Parteien den Vertrag so wie geschehen geschlossen, vielmehr jede von ihnen den vorausgesehenen Möglichkeiten Rechnung getragen haben würde. Der Versicherte würde gefordert haben, daß ihm in solchen Fällen Zahlung der vollen Versicherungssumme gewährt werde, und der Versicherer würde vor die Frage gestellt gewesen sein, ob er die aus solcher Zusicherung sich notwendig ergebende Erhöhung der Wahrscheinlichkeitsziffer für Totalverlust seinem Unternehmen, insbesondere mit Rücksicht auf den Umfang des Grundkapitals zumuten könne und wolle und im bejahenden Falle: Welche Gegenleistung er für die Erweiterung seiner Haftung sich bedingen solle. Wiewohl nun, da beide Parteien an dem Zustandekommen des Vertrages, an der Versicherungsnahme, ein Interesse hatten, mit Bestimmtheit anzunehmen ist, daß eine Einigung erzielt worden wäre, so würde man ebenso zweifellos einerseits eine Formel gesucht haben, die eine Abgrenzung der Fälle enthalten hätte, in denen ungeachtet des Nichtvorliegens eines Totalverlustes Zahlung der vollen Versicherungssumme erfolgen sollte und andererseits eine dem erhöhten Risiko für den Versicherer entsprechende Prämienerhöhung in Erwägung gezogen haben. Die Abwägung der Interessen beider Vertragschließenden gibt sonach für die Ermittelung des Vertragswillens im Sinne des § 157 B.G.B. wertvolle Anhaltpunkte. Sie zeigt aber auch soviel mit zwingender Kraft, daß eine Entscheidung auf Grund dieser Bestimmung sicher weder der Billigkeit noch dem vermutlichen Vertragswillen entspricht, wenn sie einseitig die Interessen nur der einen Partei zu Grunde legt. Dieser Einseitigkeit aber wird man unweigerlich verfallen, wenn man lediglich die Lage des Versicherten — Ladungsinteressenten — berücksichtigt, möge sie noch so unerfreulich sein. Statt des allein zu rechtfertigenden Ausgleiches der Interessen wäre nichts weiter erreicht, als daß der Versicherte auf Kosten des Versicherers eine Zahlung erhält, deren Höhe außer allem Verhältnis zu der gezahlten Prämie steht.

Auch die sinngemäße Anwendung der Vorschrift des § 157 B.G.B. kann sonach nicht dazu führen, dem Versicherten von Gütern in italienischen und portugiesischen Häfen das Recht zum Abandon zuzusprechen.

Die mehrerwähnte Gesetzesbestimmung hat aber, und dies ist besonders hervorzuheben, ihre volle Bedeutung auch im Hinblick auf solche Verträge, die erst nach Kriegsausbruch geschlossen sind. Denn die Erwägung, daß in diesem Falle die Vertragsparteien die Tragweite des Vertrages übersehen konnten, da sie mit den Eventualitäten des Krieges rechnen mußten, trifft nicht allgemein zu. Nicht schon der Kriegsausbruch als solcher im August 1914, sondern erst die im Verlauf des Weltkrieges eingetretenen Ereignisse, namentlich also die von der italienischen und portugiesischen Regierung getroffenen Maßnahmen haben es zum Bewußtsein gebracht, daß die Bestimmungen des Handelsgesetzbuches und der Allgemeinen See-Versicherungs-Bedingungen in der Abandonfrage eine erschöpfende Regelung auch der neuen Tatbestände nicht gewährleisten. Eine bis zu dieser Zeit genommene See-Versicherung hat daher Anspruch auf die gleiche Beurteilung, wie jeder noch vor Kriegsausbruch getätigte Versicherungsvertrag. Für Versicherungen die nach dem Bekanntwerden der Maßnahmen Italiens und Portugals genommen sind, wird der vermutliche Vertragswille nur von Fall zu Fall zu ermitteln sein. Ergeben die Umstände des Falles, daß die Parteien die Möglichkeit einer Berufung auf § 116 A.S.V.B. erkannt haben müssen, so wird der Umstand, daß dessen ungeachtet eine abändernde Vertragsbestimmung nicht getroffen worden ist, möglicherweise die Annahme rechtfertigen, daß der Versicherte auch auf Grund von Ereignissen, wie sie die nicht requirierten Güter aus deutschen Schiffen in Italien oder Portugal betroffen hatten, den Abandon zu erklären berechtigt sein sollte.

So führt die in diesem Kapitel angestellte Untersuchung zu dem Ergebnis, daß sich die Gewährung des Anspruchs auf Zahlung der vollen Versicherungssumme für die Güter in Italien und Portugal auch nicht im Wege der Erforschung des vermutlichen Vertragswillens rechtfertigen läßt.

2. Kapitel. § 38.

Endlich steht die Versagung des Anspruchs auf die volle Versicherungssumme im Einklang mit einer gerechten Abwägung der Interessen beider Vertragschließenden.[1]) Dies hat bereits die Gegenüberstellung dieser Interessen zwecks Erforschung des vermutlichen Vertragswillens[2]) gezeigt. Der wahre Grund, weshalb der Versicherte in seinen Interessen benachteiligt wird, die Bindung seiner in dem Unternehmen festgelegten Kapitalien auf unbestimmte Zeit entspringt nicht diesem oder jenem seit dem Anlaufen des italienischen oder portugiesischen Hafens eingetretenen Ereignis, liegt vielmehr in den Wirkungen des Weltkrieges, insbesondere auch in seiner unvorhergesehen langen Dauer. Diese Wurzel alles Übels, die Unmöglichkeit für

[1]) Dieser Gesichtspunkt ist besonders klar hervorgehoben bei Plaß „Einfluß des Krieges auf die Transportversicherung" in der Zeitschrift für die gesamte Versicherungswissenschaft Band 16 S. 417.

[2]) oben S. 116 f.

den Versicherten, diejenigen Verfügungen über die Ware zu treffen, die erforderlich sind, um sie ihrem Bestimmungsort zuzuführen, liegt völlig außerhalb derjenigen Umstände, für die der Seeversicherer aufzukommen hat. Weil nun der Versicherer für Einwirkungen, wie sie der Weltkrieg auf die Güter in italienischen und portugiesischen Häfen zeitigt, nicht haftet, so ist das Interesse des Versicherten an dem Eintritt eines Versicherungsfalles doppelt begreiflich. Dieses Interesse darf aber für sich allein genommen zu einer Haftbarmachung des Versicherers ebensowenig führen, wie ein vielleicht beklagenswerter Verkehrsunfall dazu verleiten darf, im Interesse des Opfers unter allen Umständen einen Schuldigen zu finden. So würde es schon rein praktisch, und unter dem Gesichtspunkt der Billigkeit betrachtet, nicht gerechtfertigt sein, in den zahlreichen Fällen der Vereitelung des versicherten Unternehmens, wie sie mit dem Weltkrieg plötzlich über den Versicherten hereingebrochen sind, diesem das Recht zu geben, seine Lage durch die Abandonerklärung auf Kosten des Versicherers in einem Maße zu verbessern, auf das er nach allgemeinen Versicherungsgrundsätzen keinerlei Anspruch haben würde. Gerade einem solchen Ansinnen gegenüber wird eine gerechte Abwägung aller Interessen nicht unbeachtet lassen, daß das Versicherungsunternehmen einen wichtigen Faktor im modernen Wirtschaftsleben darstellt, und so gut wie jedes andere großkaufmännische Unternehmen zu einem wertvollen und unentbehrlichen Bestandteil der nationalen Weltwirtschaft geworden ist, berufen, wichtige Aufgaben im Wirtschaftsleben zu erfüllen.

Eine einseitige Förderung der Interessen des Versicherten in einer Frage von so weittragender Bedeutung, und inmitten einer für die ganze Nation auch in wirtschaftlicher Beziehung so überaus schweren Zeit wie der gegenwärtigen, würde gleichbedeutend sein mit einer Schwächung des wirtschaftlich unentbehrlichen Faktors, des Versicherungsunternehmens, die ihrerseits wiederum für den Versicherten unerwünschte Folgen nach sich ziehen könnte. Die Abwälzung der gesamten Risiken, insbesondere mit Hilfe des Abandon auf den Versicherer würde die Schäden des Krieges nicht ausgleichen, sondern auf Kosten einer einzelnen Wirtschaftsgruppe verschärfen.[1]

[1]) Eines der wenigen Urteile, das in erfreulichem Gegensatz zu der landläufigen, von den verschiedensten Vorurteilen beherrschten Auffassung von der Bedeutung des Versicherungsunternehmens steht, findet sich abgedruckt in der H.G.Z. 1916, Nr. 45; es heißt dort:

„Was zunächst die Frage anbetrifft, ob der Abandon zu Recht erklärt ist, so „muß den Beklagten darin zugestimmt werden, daß das Recht des Abandon „eine singuläre Bestimmung zu Gunsten des Versicherten ist, und daß keinerlei „Anlaß vorliegt, die Vorschriften über den Abandon über die in den Allg. See-„Vers.-Bed. niedergelegten Grenzen hinaus ausdehnend anzuwenden. Die Tat-

§ 38.

Nach alledem kann auch nicht anerkannt werden, daß besondere Momente vorliegen, die es als eine Forderung der Gerechtigkeit erscheinen lassen, dem Versicherten von Gütern in Italien und Portugal den Anspruch auf die volle Versicherungssumme zuzusprechen. Der Versicherte ist wenigstens in den meisten Fällen ungeachtet der in Italien und Portugal eingetretenen Ereignisse durch die Versicherung weitergedeckt, so daß auch der Versicherer nicht etwa in unbilligerweise von einer Haftung befreit wird, für die er die Gegenleistung in Gestalt der Prämien erhalten hat. Lediglich die Bindung des in dem Unternehmen angelegten Kapitals auf unbestimmte Zeit ist der wahre und eigentliche Beschwerdepunkt. Hierfür einzustehen, kann aber billigerweise, wenn überhaupt, so nur in ganz besonders gelagerten schwerwiegenden Fällen, dem Versicherer zugemutet werden. Dies ist besonders in Hamburg von altersher die Auffassung der Dinge gewesen. Die Bremer Bedingungen kennen noch heute den Abandon nicht. Daß dieser Zustand in Bremen unerträglich und mit den Forderungen der Gerechtigkeit nicht zu vereinbaren sei, wird mit Grund schwerlich behauptet werden können.

2. Unterabschnitt.

Die Versagung des Anspruchs auf die volle Versicherungssumme sichert allein eine gesunde Rechtsentwickelung.

Die Versagung des Anspruchs auf die volle Versicherungssumme sichert allein eine gesunde Rechtsentwickelung.

Wie die Versagung des Anspruchs auf die volle Versicherungssumme auf der einen Seite der Billigkeit entspricht, so sichert sie auf der anderen Seite

---

„sache, daß infolge des Krieges sich eine Reihe von Fällen ereignet haben, in „denen die Versicherten nicht in Besitz ihrer Ware gelangt sind und gelangen „können, gibt den Betroffenen nicht ohne weiteres das Recht, sich an die Versicherer zu halten, auch wenn sie durch Versicherung gegen See- und Kriegsgefahr sich gegen jedes Risiko gedeckt glauben. Es gibt eben im praktischen „Leben viele Fälle, in denen der Versicherte in diesem Kriege die Erfahrung „machen muß, daß auch die Kriegsversicherung ihn nicht vor Schaden schützt. „Es wäre aber im höchsten Grade unbillig, die Versicherer für derartige Schäden „durch eine ausdehnende Interpretation der Allg. See-Vers.-Bed. zu Lasten der „Versicherer haftbar machen zu wollen. Das Versicherungsgewerbe ist genau „wie jedes andere kaufmännische Geschäft auf genauer Kalkulation aufgebaut, „und ebensowenig wie bei sonstigen Verträgen es Aufgabe der Gerichte ist oder „sein darf, etwas in dieselben durch Auslegung zu Lasten der einen oder anderen „Partei hineinzutragen, kann der Standpunkt der Klägerin geteilt werden, daß „bei den vorliegenden Verhältnissen die Verpflichtungen der Versicherer nach „den Grundsätzen der Analogie weiter ausgedehnt werden müßten, als es den „Bestimmungen des Versicherungsvertrages entspricht."

allein eine gesunde Rechtsentwickelung. Schon die bloße Gegenüberstellung der Folgen einer Gewährung und Versagung des Anspruchs auf die volle Versicherungssumme im vorliegenden Falle läßt dies erkennen.

§ 39.

Folgen der Gewährung des Anspruchs auf die volle Versicherungssumme.

1. Kapitel.

Folgen der Gewährung des Anspruchs auf die volle Versicherungssumme.

Mit der Gewährung des Anspruchs auf die volle Versicherungssumme in Italien und Portugal würde ein Weg betreten werden, auf dem es ein Zurück nicht mehr gäbe. Fällt nämlich die Voraussetzung, daß der Versicherte, um abandonieren zu können, der Möglichkeit beraubt sein muß, über die Ware im Sinne einer Fortsetzung des Transports zu verfügen, so ist damit die einzige theoretisch wie praktisch gleich brauchbare Schranke niedergerissen, die das Institut des Abandon vor einer seinem Wesen widersprechenden Verallgemeinerung schützte, und es entsteht die Frage, wo unter den zahlreichen denkbaren Verfügungsmöglichkeiten die Grenze gezogen werden soll, von der die Gewährung oder Nichtgewährung des Abandonrechts abhängen müßte. Es darf billig bezweifelt werden, daß eine solche Abgrenzung der Verfügungsmöglichkeiten in einer dem praktischen Bedürfnis gerechtwerdenden Weise gefunden wird, und auf die Frage, welche Verfügungsmöglichkeiten entfallen sein müssen, um den Abandon zu rechtfertigen, eine befriedigende Antwort wird erteilt werden können, wenn nicht länger gefordert wird, daß eben die Möglichkeit entfallen sein muß, den Fortgang des versicherten Unternehmens durchzusetzen.

Die Gefahren eines jeden Abandonrechts sind zu einleuchtend, als daß achtlos an ihnen könnte vorübergegangen werden. Die Notwendigkeit einer strikten Begrenzung der Abandonfälle ist denn auch wiederholt in Schrifttum und Rechtsprechung betont worden. So in der oben[1]) angeführten Entscheidung des Landgerichts Hamburg, Kammer 1 für Handelssachen vom 4. November 1915, die ausdrücklich hervorhebt, daß es im praktischen Leben viele Fälle gibt, in denen der Versicherte in diesem Kriege die Erfahrung machen muß, daß auch die Kriegsversicherung ihn nicht vor Schaden schützt. Auch Pauly[2]) erkennt an, daß ein Abandongrund nicht schon darin liege, daß infolge der allgemeinen Kriegsverhältnisse der Versicherte nicht über sein Eigentum verfügen könne.

Schließlich muß es aber auch zu denken geben, daß die Zubilligung des Abandonrechts in Italien und Portugal dieses Recht noch sehr viel weiter ausdehnen würde, als es selbst in Frankreich geschehen ist, wo gemäß § 369

[1]) § 38 S. 118/119 Anm 1. [2]) a.a.O.

des Code de Commerce, wenn nicht ein Fall der Anhaltung usw. vorliegt, zum mindesten eine Beschädigung der Ware verlangt wird. Sieht man, wie es die Gewährung des Abandonrechts in Italien und Portugal zur notwendigen Folge hat, auch von dem Erfordernis der Schädigung der Ware ab, dann bleibt lediglich ein gewisser Grad der Gefährdung maßgebend, und der Schritt von hier bis zur bloßen Forderung einer Ungewißheit über das Schicksal der Ware ist nicht mehr groß.

Des weiteren würde aber die Anerkennung des Abandon in Italien und Portugal zugleich eine Revision des Begriffs der „Bedrohung" notwendig nach sich ziehen. Es würde sich kaum vermeiden lassen, eine als Abandongrund beachtliche Gefährdung schon dann anzunehmen, wenn irgendwelche Umstände vorliegen, die die Gefahr eines Schadens mit sich bringen ohne Rücksicht darauf, worin diese Gefährdung ihre Ursache hat, ob sie gleichzeitig mit dem Abandonereignis eintritt, und ob sie eine Totalgefährdung ist oder nicht.

Sollte es aber selbst glücken, eine solche Vorschrift in ein rechtlich einwandfreies Gewand zu hüllen, so würde sie dennoch stets ein Fremdkörper im Rahmen der Seeversicherung bleiben, weil sie, wie bereits oben[1]) dargelegt, als Summenversicherung in die Seeversicherung als ein System reiner Schadensversicherung nicht hineinpaßt. Besser bleibt sie daher aus der Seeversicherung ganz heraus. Erweist sich dennoch ihre Aufnahme als dringend geboten, so ist zum mindesten ihre Sonderstellung mit allem Nachdruck zu unterstreichen, auch die Anwendung der Grundsätze über die Schadensversicherung ausdrücklich auszuschließen, soweit sie irgendwelche in der Verschiedenartigkeit der beiden Versicherungsarten begründete Unklarheiten oder Widersprüche zeitigen muß.

Im übrigen sind alle Erörterungen über die Möglichkeit der Formulierung einer so weitgehenden Vorschrift schon deshalb nur von geringer praktischer Bedeutung, weil die Deckung der See- und Kriegsgefahr unter so weitgehenden Bedingungen von den Versicherern nur gegen so hohe Prämien übernommen werden würde, wie sie kein Versicherter würde zahlen wollen.

2. Kapitel.

Folgen der Versagung des Anspruchs auf die volle Versicherungssumme.

§ 40. Folgen der Versagung des Anspruchs auf die volle Versicherungssumme.

Kann sonach von der Gewährung des Abandonrechts für nicht requirierte Güter in italienischen und portugiesischen Häfen ein Nutzen weder für die Praxis, noch für die Entwickelung des Seeversicherungsrechts erwartet werden, so sind andererseits von einer Versagung des Anspruchs auf

[1]) § 10 S. 47 ff.

die volle Versicherungssumme nach beiden Richtungen hin schädliche Wirkungen nicht zu befürchten. Sie hat zunächst den großen Vorzug, daß sie völlig klare Verhältnisse schafft, indem sie an dem theoretisch wie praktisch gleich brauchbaren Erfordernis der Vereitelung des versicherten Unternehmens festhält und damit gleichzeitig die Zweckmäßigkeit einer diese Voraussetzung noch klarer betonenden Fassung des § 116 vor Augen führt.

Wird schließlich der Abandon in Italien und Portugal versagt, so ist damit vor allem der weiteren Entwickelung völlig freie Bahn gelassen und zugleich ein Ansporn zu dem so notwendigen rechtswissenschaftlichen Ausbau auch dieser Seite des Seeversicherungsrechts gegeben.

Schluß-bemerkung.

Schlußbemerkung.

Zum Schluß sei noch auf eine Seite der hier behandelten Fragen hingewiesen, die im Hinblick auf die Zukunft wohl der Beachtung wert ist. Das deutsche Seeversicherungsrecht, dessen Auslegung die vorliegende Abhandlung dienen soll, ist in seiner heutigen geschichtlich begründeten Gestalt durch seine praktische Brauchbarkeit nicht nur, sondern auch durch seine Formulierung vorbildlich geworden. An seiner Entwickelung haben gerade auch die norddeutschen Seeplätze, die den Abandon im heutigen Sinne nicht kannten, hervorragenden Anteil. Es hat seine Eigenart durch Jahrhunderte hindurch, insbesondere auch gegenüber dem englischen Recht, bewahrt. Heute, wo infolge des Weltkrieges der Wunsch lebhaft hervorgetreten ist, den deutschen Versicherungsmarkt von dem englischen völlig unabhängig zu machen, erscheint der Augenblick doppelt günstig, sich darauf zu besinnen, daß das deutsche Seeversicherungsrecht sich trotz der Vorherrschaft des englischen Versicherungsmarktes noch bis heute völlig selbständig erhalten und sich seinen deutschen Charakter bewahrt hat. Nichts aber kann dem erstrebten Ziele der völligen Selbständigkeit gegenüber England auch im Versicherungswesen förderlicher sein, als ein praktisch brauchbares, durch fremde Einflüsse unverkümmertes deutsches Versicherungsrecht. Auch unter diesem Gesichtspunkt betrachtet mag sich die vorstehende Abhandlung als nützlich erweisen, zeigt sie doch an dem Beispiel des constructive total loss wie gerade die Beurteilung der Voraussetzungen, unter denen Zahlung der vollen Versicherungssumme gefordert werden kann, durch die Einbeziehung fremder, auf anderem Boden gewachsener Rechtsbestimmungen schädlich beeinflußt wird. Was aber die Aufnahme fremden Rechts, wo immer es mit dem einheimischen im Widerspruch steht, an Schaden anrichten kann, hat kein Land schmerzlicher erfahren müssen, als Deutschland, dessen gesamtes

Rechtsleben noch heute an den Folgen der Aufnötigung des ihm völlig wesensfremden römischen Rechts krankt. Diese Erfahrungen reden eine eindringliche Sprache. Möchten sie auch in der Seeversicherung ein steter Ansporn dazu sein, bewährten deutschen Rechtsanschauungen, gegenüber abweichenden Anschauungen fremder Rechte, zum Siege zu verhelfen.

Anhang Nr. 1.

Hamburg-Amerika-Linie
Ost-Asia Abteilung.

Hamburg, den 8. Februar 1915.

Auslieferung von Ladung in neutralen Zwischenhäfen.

Wir geben von hier aus bis auf Weiteres Güter frei zur Auslieferung sobald sie praktisch greifbar sind (d.h. nach Ansicht der Schiffsleitung ohne Schwierigkeiten gelöscht werden können), unter folgenden Bedingungen:

1. Nach Einreichung des kompletten Satzes der Konnossemente. Ist derselbe nicht vorhanden, so akzeptieren wir statt der fehlenden Konnossemente, von Fall zu Fall unsererseits zu entscheiden, eventuell Verpflichtung der Empfänger laut Anlage. Die Verpflichtung muß entweder von einer erstklassigen Bank garantiert werden bis mindestens doppelten Fakturenbetrag, oder ein zu vereinbarender Betrag muß bar resp. in Effekten deponiert werden.
2. Nach Einreichung eines Havarie-Bonds betreffs anteiliger Aufenthaltskosten laut Anlage, sowie 10% Depot oder evtl. erstklassige Bankgarantie in gleicher Höhe an Stelle des Depots. Anstatt solchen Havariebonds und Depot resp. Bankgarantie sind wir auch mit sofortiger Zahlung von 4 (vier)% des c.i.f. Original-Fakturenpreises als Abfindung unseres diesbezüglichen Anspruches einverstanden.
3. Nach Zahlung der Fracht, falls nicht vorausbezahlt.

Die Ware ist längsseit des Schiffes an seinem Liegeplatz oder auf Kai in unserer Wahl abzunehmen. Mit solcher Ablieferung sind unsere Konnossements-Verpflichtungen erfüllt.

Die Ladung trägt alle Unkosten sowie „Cargo dues" etc.; jedoch ausgenommen Stauerlohn, gewöhnliches Umstauen und Sortieren an Bord, welche vom Dampfer zu tragen sind. Im Falle auf Wunsch der Empfänger ungewöhnliche Umstauungen etc., soweit angängig, vorgenommen werden zwecks rascherer Entlöschung der Güter, so sind dadurch entstehende Kosten von den Empfängern am Liegeplatz unserer Schiffe zu bezahlen.

Falls vor Ablieferung der Waren Havarie grosse entsteht, so müssen die Güter natürlich dazu beitragen, und das Nötige betreffs Havarie grosse-Bond, evtl. Depots etc. ist vor Auslieferung der Güter mit unseren Agenten oder uns zu arrangieren.

Die c.i.f. Original-Faktura ist uns vorzulegen.

Hamburg-Amerika-Linie
Ost-Asia Abteilung.

Anhang Nr. 2.

An die Hamburg-Amerika-Linie
Ost-Asia Abteilung Hamburg

Dampfer: ....
Waren: ....
(Marke, Nummer etc.)

verladen von .... nach ....

C.i.f. Fakturenwert M .... Konnossement Nr ....

Unter Bezugnahme auf unsere Korrespondenz betr. obiger Ladung verpflichten wir uns hierdurch, wie vereinbart, den nach den Grundsätzen der großen Havarie später zu berechnenden Anteil obengenannter Ladung an den Aufenthaltskosten des Schiffes (lt. § 635 H.G B.) auf Anfordern zu bezahlen, unter Verzicht auf die Einrede der Verjährung. Dabei ist verstanden, daß der Umstand, daß Sie die Ware schon vorzeitig löschen und abliefern keinen Einfluß auf die Höhe dieses Anteiles haben soll, sondern daß die Ware beiträgt, als wenn sie während der ganzen Liegezeit des Schiffes an Bord gewesen wäre.

Zur weiteren Sicherheit deponieren wir Ihnen 10% des c.i.f. Fakturenwertes
M. .... (in Worten ....)

Ort, Datum ....

Firmenstempel, Rechtsgültige Unterschrift: ....

An Stelle oben erwähnten Depots übernehmen wir die selbstschuldnerische Haftung für obige Verpflichtung bis zum Betrage von 10% des Fakturenwertes = M. .... (in Worten: ....)

Ort, Datum ....

Rechtsgültige Unterschrift der Bank: ....

Anhang Nr. 3.

Dampfer: ....
Waren: ....
(Marke, Nummern und Einzelheiten).

verladen von .... nach ....

Unterzeichnete ... erklär ... hierdurch, rechtmäßige ... Eigentümer obengenannter Waren zu sein und verpflichte ... sich, die Hamburg-Amerika-Linie für alle Folgen schadlos zu halten, welche daraus entstehen, daß die genannten Waren seinem/ihrem Auftrage gemäß ausgeliefert werden ohne Konnossemente respektive gegen nur ... Exemplar ... der Konnossemente. Eventuelle Zahlungen, welche seitens der Hamburg-Amerika-Linie geleistet werden in Verbindung mit von anderer Seite erhobenem Anspruche auf die genannten Waren, sind von de .... Unterzeichneten ohne alle Einreden auf Anfordern zu ersetzen.

Ort, Datum ....

Firmenstempel, rechtsgültige Unterschrift: ....

Wir übernehmen hierdurch die selbstschuldnerische Bürgschaft dafür, daß obige Verpflichtung in vollem Maße erfüllt wird.

Ort, Datum ....

Rechtsgültige Unterschrift der Bank: ....

Anhang Nr. 4.

Hamburg-Amerika-Linie
Ost-Asia Abteilung

Hamburg, den 14. Juni 1915.

Wichtig!

An die Herren Ladungsinteressenten.

D. „Bayern" in Neapel.

Nach uns gewordenen Nachrichten hat der Zolldirektor in Neapel auf Grund gesetzlicher Verfügungen und infolge ministerieller Order Ausschiffung sämtlicher Ladung des D. „Bayern" verfügt und behält sich das Recht vor, falls über die Ladung nicht seitens der Interessenten baldigst disponiert wird, selbe zu veräußern.

Wir sind bereit bis auf Weiteres eventuell Auslieferschreiben unter den bekannten Bedingungen auszustellen.

Hamburg-Amerika-Linie
Ost-Asia Abteilung

Anhang Nr. 5.

Hamburg-Amerika-Linie
Ost-Asia Abteilung

Hamburg, den 22. Juni 1913.

Wichtig!

An die Herren Ladungsinteressenten.

D. „Bayern" in Neapel.

Unter Bezugnahme auf unser Zirkular vom 14. cr. erlauben wir uns ferner mitzuteilen, daß nach uns inzwischen gewordenen Nachrichten am 28. Mai seitens der Neapeler Zollbehörde mit der Entlöschung der Ladung des Dampfers „Bayern" in die Magazine des Königlichen Arsenals oder in andere zollamtliche Lokalitäten begonnen wurde. Wir nehmen an, daß die Entlöschung inzwischen beendet wurde. Welche Maßnahmen die Zollbehörde mit den in ihrem Gewahrsam befindlichen Gütern weiter treffen wird, entzieht sich unserer Beurteilung und unserem Einfluß. Wir können natürlich keine Verantwortung für die Güter übernehmen und müssen den Interessenten anheimgeben, ihre Waren versichert zu halten und sie möglichst abnehmen zu lassen, eventuell durch neutrale Vermittelung. Wie wir hören, wird zur Sicherung aller Beteiligten die Justiz-Behörde bei allen Operationen vertreten sein. Kapitän und Bordpersonal wurden veranlaßt, von Bord zu gehen und Italien zu verlassen.

Nach Lage der Dinge sehen wir uns veranlaßt, in Gemäßheit der betreffenden Bestimmungen des deutschen Handelsgesetzbuches hiermit unsern Rücktritt von dem Frachtvertrage zu erklären.

Hamburg-Amerika-Linie
Ost-Asia Abteilung.

Anhang Nr. 6.

Hamburg-Amerika-Linie
Ost-Asia Abteilung Hamburg, den 17. September 1915.

Wichtig!

An die Herren Ladungsinteressenten.

Betr. D. „Bayern" in Neapel.

Wir beziehen uns auf unsere Rundschreiben vom 14. und 22. Juni 1915. Von der Direktion des Arsenals für Artilleriekonstruktion Neapel, ist unserer Neapeler Vertretung, der Hamburg-Amerika-Linie, Neapel, via Agostino Depretis 49/53, ein Schreiben, datiert vom 30. August a. c., zugegangen, zusammen mit einer Kopie des Protokolls betreffend die von den höheren Militärbehörden angeordnete Requisition von Ladung des D. „Bayern". Aus der unverbindlichen Übersetzung desselben teilen wir Ihnen folgendes mit:

„Wie im Protokoll angegeben ist, wurde die Order den höheren Militärbehörden vom Kriegsministerium erteilt und der Unterzeichnete mit der Ausführung beauftragt.

Die Materialien des D. „Bayern" standen bereits unter Entlöschung und waren dem Königlichen Zollamt zur Aufbewahrung anvertraut gemäß Verfügung des Finanzministeriums, der Königlichen Marine und des Königlichen Heeres, die vom Oberkommandanten der Marine-Abteilung, Neapel, den betreffenden in spezieller Sitzung vereinigten Behörden mitgeteilt wurden und zwar: dem Hafenkommando, dem Zolldirektor, dem Generaldirektor des Marine-Arsenals und dem unterzeichneten Direktor dieses Arsenals.

Da diese Requisition in Übereinstimmung mit einem Königlichen Dekret, das noch zum Gesetz zu erheben ist, und mit den Verfügungen des Kriegsministeriums erfolgte, so kann sie nicht als ungesetzlich bezeichnet werden; jede gegenteilige Auffassung oder Ansicht, speziell wenn sie dieser Direktion unterbreitet wird, verfehlt ihren Zweck. Gemäß Art. 7 des genannten Königlichen Dekrets konnte kein, selbst gerichtlicher, Widerspruch die Ausführung der bereits erfolgten Requisition hindern, noch könnte er die Requisition anderer Materialien verzögern, die sich noch im Verwahr des Königlichen Zollamtes befinden und die man zu requirieren beabsichtigt.

Was die gemäß dem genannten Königlichen Dekret (No. 506 vom 22. April ds. Js.) zu gewährenden Entschädigungen anbetrifft, so ist es Pflicht und lebhafter Wunsch des Unterzeichneten, sorgfältig die darauf bezüglichen Daten und Einzelheiten zu sammeln, um, wie das Dekret vorschreibt, den richtigen Preis festzustellen, auf dem die Entschädigung basiert werden muß.

Der Unterzeichnete willigt ein, zu diesen Papieren die Rechnungen zu zählen, welche die Eigentümer der requirierten Materialien einreichen wollen.

Es wird nicht möglich sein, Entschädigungen zu gewähren, die dem Betrag der vorgelegten Rechnungen gleichkommen und auf einfaches Verlangen hin, umsomehr als auf den Materialen Zoll- und vielleicht auch andere Spesen lasten, mit deren Feststellung man beschäftigt ist."

Das erwähnte Protokoll lautet:

„Direktion des Arsenals für Artilleriekonstruktion in Neapel.

„Protokoll über die amtliche Ausführung der Requisitionsorder laut Befehl des Kommandos der Militärdivision von Neapel vom 9. Juni 1915 No. 2589 R.S. mit beigeschlossener Kopie des Befehls des Kommandos des Neapeler Armeekorps vom 9. des gleichen Monats No. 2645 R.S. und des Telegramms des Kriegsministeriums, Generaldirektion der Artillerie und der Geniekorps vom 8. gleichen Monats No. 2453, welches die Verfügung enthielt, auf das Material des D. „Bayern" das Requisitionssystem anzuwenden, gemäß Zirkular 293 a. c. des offiziellen Militäranzeigers.

„Im Jahre 1915, am 10. Juni, in der Stadt Neapel
sei festgestellt,

daß vom Unterzeichneten begonnen und ununterbrochen fortgeführt wurde, die Requisition derjenigen Materialien des D. „Bayern" die für die nationale Verteidigung nützlich sind, sowie für die Ausrüstung des Königlichen Heeres und der Königlichen Marine und für die Erfordernisse der bezüglichen Dienste, in Ausführung des oben erwähnten höheren Befehls.

Die Requisition erfolgte von seiten des damit beauftragten Unterzeichneten, gemäß den Normen des Königlichen Dekrets No. 506 vom 22. April ds. Js., in Gegenwart der tatsächlichen Inhaber der zu requirierenden Sachen und zwar eines besonderen Delegierten des Königlichen Zollamts in Neapel, dem vom Finanzministerium bereits im verflossenen Mai Order gegeben worden war, die Entlöschung der Materialien des D. „Bayern" zu beginnen und sie in rechtlichen Verwahr zu nehmen, was das Königliche Zollamt auch in Gegenwart eines gerichtlichen Delegierten ausführte.

Das Königliche Zollamt hat der Reihenfolge nach die Listen der requirierten Materialien erhalten, nachdem die Requisition, wenigstens der Masse der wichtigsten Materialien, beendet war, wurde eine summarische Aufstellung dem schweizerischen Konsulat ausgehändigt, und von dieser Aufstellung liegt dem gegenwärtigen Protokoll eine Kopie bei.

Sobald die Eigentümer der requirierten Waren bekannt sind, werden Ihnen die Entschädigungen verrechnet und bezahlt, gemäß dem genannten Königlichen Dekret, abzüglich der eventuellen Spesen, welche auf den Materialien lasten. Sollten weitere Materialien zu requirieren sein, so werden so viel weitere Aufstellungen angefertigt werden, analog der beigeschlossenen Liste.

Aufgenommen und beendet in Neapel am 6. August 1915 im Büro des Hauptdirektors des Arsenals für Artilleriekonstruktion.

Der Generalmajor
(gez. Casella)".

Das im Protokoll genannte Dekret ist uns nicht bekannt.

Wir geben den Herren Ladungseignern anheim, ihre Entschädigungs-Ansprüche bei der Direktion des Arsenals in Neapel durch Vermittelung der Schweizerischen Gesandtschaft geltend zu machen. Die Legitimation der Ladungseigner geschieht durch unsere Neapeler Vertretung auf Grund eines unsererseits ausgestellten Freigabeschreibens, oder nach Erfüllung der Bedingungen bei unserer Neapeler Vertretung.

Soweit uns die von der Militärbehörde requirierten Güter bekannt geworden sind, lassen wir darüber den Herrn Abladern separate Aufgabe zugehen.

Im übrigen ist nach den uns gewordenen Nachrichten requiriert resp. steht vor der Requisition:

Sämtliches Eisen, erster Bearbeitung, (Barren und Platten)
„ Roh- und Gußeisen
Sämtliche Zellulose (ca. 8980 Ballen)
„ gewöhnliche Glasscheiben ca. 9000 Colli.

Hamburg-Amerika-Linie
Ost-Asia Abteilung.

Anhang Nr. 7.

Bremen, den 20. September 1915.

An die Herren Ladungsbeteiligten

D. „Sigmaringen" in Syrakus.

Kapitän F. Rönnebeck ist heute hier eingetroffen und zeigt folgendes Schreiben unseres Vertreters in Syrakus vom 11. September vor:

„Ich beeile mich Sie zu verständigen, daß das Ministerium des Innern mit Erlaß vom 31. August 1915, dessen Inhalt mir heute seitens der Polizeibehörde bekannt gegeben wurde, die Entfernung von Syrakus sämtlicher hier wohnender deutscher Untertanen befohlen hat. Demzufolge hat die Seebehörde beschlossen, daß eine Matrosenabteilung der Marine heute selbst Schiff und Ladung unter eigene Wache übernimmt.

Belieben Sie sich nach diesem Sinne zu richten und sich für die Abreise am 12. d. Mts. bereit zu halten."

Bei Abreise des Kapitäns war ein italienisches Kommando an Bord. Schiff und Ladung sind demnach durch Verfügung von hoher Hand unserer Aufsicht vorläufig entzogen, womit unsere Verantwortlichkeit für die letztern gemäß Regel 2 erloschen ist.

Hochachtungsvoll
gez. Norddeutscher Lloyd
Ostasiatische Fahrt.

Anhang Nr. 8.

Verordnung vom 22. April 1916 betreffend die Behandlung der aus den requirierten deutschen Schiffen gelöschten Waren.

Um in endgültiger und gleichförmiger Weise die Behandlung der Ware festzusetzen, die aus deutschen Schiffen herrührt, die im Königreich und in den Kolonien requiriert wurden, werden folgende Normen festgesetzt.

a) Die Administrativbehörden, die in Betracht kommen, sollen so rasch als möglich diejenige Ware, welche sie hierfür für geeignet halten, requirieren.

b) Die Waren, welche ursprünglich Angehörigen neutraler Staaten gehören, können, unter Beobachtung der unter Chiffre e) angeführten Bestimmungen, frei eingeführt oder wieder ins Ausland spediert werden, wobei in letzterem Fall die allgemein bestehenden Vorschriften über die Einfuhr und Durchfuhr nach neutralen Ländern, sowie die Bedingung der Garantie des Verbrauches der Ware im Inlande bezüglich der Waren, die auf den Listen absoluter und relativer Konterbande stehen, gelten.

c) Für die Waren, welche Deutschen gehören und nicht requiriert sind, können die Zollverwaltungen, unter Beobachtung der Formalitäten und der unter e) angegebenen Sicherheiten ohne irgend welche Einschränkung bestimmen, daß die Ware wieder ins Ausland spediert, oder in das Königreich Italien eingeführt wird, wenn sich aus zuverlässigen Urkunden ergibt, daß sie von Angehörigen der alliierten Staaten vor dem 10. Februar 1916 erworben sind. Wiederausfuhr von Ware, die in deutschem Eigentum steht, aber von Angehörigen neutraler Staaten heraus verlangt wird, kann nur dann mit Zustimmung der Zollverwaltungen erfolgen, wenn sich aus zuverlässigen Urkunden ergibt, daß die Ware vor dem 1. März 1915 erworben und bezahlt wurde. Dabei ist zu beachten, daß für solche Ware, welche auf unseren Listen absoluter und relativer Konterbande steht, weiterhin von Seiten der Regierungen der Bestimmungsländer die Zusicherung vorzuliegen hat, daß die betreffende Ware in keiner Weise und in keiner Form wieder weiter ausgeführt werde.

d) Für Ware — es handelt sich immer um solche deutscher Zugehörigkeit —, welche weder von Italienern oder Angehörigen verbündeter Staaten vor dem 10. Februar 1916 erworben und bezahlt wurde, noch auch von Angehörigen neutraler Länder vor dem 1. März 1915, kann der Import oder die Wiederausfuhr ins Ausland (gemeint ist in die Länder der Verbündeten oder Neutralen) nicht gestattet werden, es sei denn, daß vorausgehend bei der Zollbehörde der Preis hinterlegt wird, der sich aus den Verkaufsdokumenten ergibt, über dessen Angemessenheit die Zollbehörde sich vergewissern soll.

Dieser Preis muß von den Zollbehörden bei der Cassa dei depositi e prestiti bis zum Ende des Krieges hinterlegt werden.

Die Weiterbeförderung der Waren nach neutralen Ländern, die aus requirierten deutschen Schiffen stammen, unterliegt überdies den Vorschriften und Sicherheitsmaßregeln, welche im allgemeinen für die Ausfuhr und den Transit nach den betreffenden Ländern selbst bestehen.

e) Die Zollbehörden dürfen in keinem Falle die Freigabe der in Frage stehenden Waren zur Einführung ins Königreich oder zur Weiterbeförderung ins Ausland zulassen, wenn nicht zuvor die Originalkonnossemente, die ordnungsgemäß giriert sein müssen, und die ordini di rilascio (delivery orders, Freilassungsscheine) vorgewiesen werden, letztere unterzeichnet von den legalen Vertretern der interessierten Schiffahrtsgesellschaften, oder, an Stelle derselben, von den Personen, welche das schweizerische Konsulat autorisiert hat zur Vornahme der Liquidation der betr. Waren für die vorerwähnten Gesellschaften. Überdies bedarf es der nulla osta seitens der Militär- und Seebehörden in bezug auf die Frage der Requirierbarkeit der Ware.

Die Zollbehörden müssen ferner, bevor sie die Ware übergeben, sich davon überzeugen, daß die den maritimen Verwaltungen eventuell erwachsenen Spesen, für welche die betreffenden Waren haften, bezahlt worden sind.

Wenn bei der Nachprüfung der Waren und Ballen sich herausstellt, daß sich darunter Ware befindet, die verschieden ist von derjenigen, die in der nulla osta der See- und Militärbehörde angegeben sind, so dürfen die Zollbehörden nicht weiter handeln, es sei denn daß eine neue nulla osta von Seiten der genannten Behörden vorgewiesen wird.

f) Soweit die Waren nicht innerhalb einer, im Einvernehmen mit den Ministern des Äußeren und der Marine festgesetzten, Frist herausverlangt werden, sind sie durch die Zollbehörden im Einverständnis mit der Capitaneria des Hafens, als herrenlose Waren — come merce abbandonata — zu verkaufen und zwar durch öffentliche Versteigerung, wobei in jedem Falle private Unterhandlungen ausgeschlossen sind.

Der Reinerlös dieses Verkaufs ist bei der Cassa dei depositi zu hinterlegen, in der oben unter Buchstaben d) angegebenen Weise.

Die dem Verderben ausgesetzte oder für das öffentliche Wohl, oder die Sicherheit der Häfen gefährliche Ware, wem immer sie gehören mag, kann jederzeit verkauft werden, nachdem über ihren Zustand und Wert ein Befund aufgenommen wurde. Der Reinerlös wird in der oben angegebenen Form und unter den oben genannten Bedingungen hinterlegt.

g) Die zur Einfuhr zugelassenen deutschen Waren unterliegen den Zöllen, die im gegenwärtig geltenden Generaltarif bestimmt sind.

Der Minister des Äußern wird der schweizerischen Gesandtschaft, der Vertreterin der deutschen Interessen in Italien, Kenntnis von der Löschung der einzelnen requirierten Schiffe geben. Von diesem Zeitpunkt an läuft eine Frist von 30 Tagen, innerhalb welcher die nicht requirierte Ware zurückgezogen werden muß. Diese Frist kann erstreckt werden, sie kann aber auch verkürzt werden, wenn die Bedürfnisse des Hafens, des Handels oder des öffentlichen Wohles dies nötig machen. —

Anhang Nr. 9.

Norddeutscher Lloyd
Ost-Asiatische Fahrt.

Bremen, den 16. Juni 1916.

An die Herren Ladungsbeteiligten!

D. „Sigmaringen" und D. „Borkum".

Aus Neapel erhalten wir von unserer Agentur heute nachstehende vom 7. ds. Mts. datierte Mitteilung, welche wir hiermit unverzüglich zu Ihrer Kenntnis bringen:

Von dem Schweizerischen General-Konsul in Neapel erhalten wir Preßkopie eines Zirkulars, welches von der Schweizerischen Legation in Rom an die Herren Konsuln gerichtet ist, und welches die Abnahme der Güter aus deutschen Schiffen betrifft. Nachstehend geben wir Ihnen den Text besagten Zirkulars zur gefl. Kenntnisnahme an:

Unter Bezugnahme auf meine früheren Schreiben, in der Angelegenheit der Behandlung von Waren aus der Ladung der requirierten deutschen Dampfer, beehre ich mich, Ihnen nachstehend einige bestimmtere Anhaltspunkte zu geben über die Art und Weise, wie die Italienische Regierung die von ihr aufgestellten Normen anzuwenden gedenkt. Da sich bei der Anwendung dieser Normen durch die Behörden und Parteien eine Anzahl von Unklarheiten und Schwierigkeiten ergeben haben, war ich veranlaßt, gestern auf dem Finanzministerium die ganze Frage nochmals gründlich zu besprechen und bin durch das Ergebnis dieser Besprechung in die Lage versetzt, Ihnen folgende erläuternde Mitteilungen zu machen.

1. Durch lit. e. des Reglements war bestimmt, daß die Auslösung der Waren unter allen Umständen nur gegen vorherige Vorweisung der regelrecht girierten Original-Ladescheine und der regulären Freistellungsscheine bewilligt werden dürfe. Da sich gezeigt hat, daß es in den allermeisten Fällen nicht mehr oder doch nicht mehr rechtzeitig möglich sein würde die Original-Konnossemente zu beschaffen, hat das Ministerium eingewilligt, auf die Vorlage dieser Dokumente zu verzichten und sich mit den Freistellungsscheinen zufrieden zu geben. Es wurde mir bestätigt, daß entsprechende Weisung bereits an alle Zollämter ergangen sei. Um aber die Legitimation zu ersetzen, welche sich für den Vorweiser des Konnossements aus dem Besitze dieses Dokuments ergeben hätte, wird neu verlangt, daß der

Inhaber des Freistellungsscheines sich durch einen Legitimationsschein ausweise. Dieser Legitimationsschein kann durch den Agenten der Schiffahrtsgesellschaft ausgestellt werden und ist auf Stempelpapier zu erstellen. Aus dem Schein soll sich ergeben, daß dessen Inhaber in rechtmäßiger Weise in den Besitz des Freistellungsscheines gelangt ist. Diese Formalität dürfte sich praktisch in sehr einfacher Weise erfüllen lassen, indem der Agent der Schiffahrtsgesellschaft den Legitimationsschein dem Freistellungsschein beigibt. Form und Inhalt dieses Legitimationspapieres sollen nach Anleitung der Zollämter gehalten werden. Dieser Schein ersetzt nicht, wie etwa irrtümlicherweise angenommen wurde, diejenigen weiteren Dokumente, durch welche der Ansprecher der Ware sich über seine Eigentumsverhältnisse an der Ware legitimiert und nachweisen muß, wann sein Eigentumserwerb in bezug auf die beiden festgelegten Daten erfolgt ist. Wenn sich also ein Ansprecher der Ware für die Freigabe auf den Eigentumserwerb vor den festgelegten Daten beruft, wird er nach wie vor seine Eigentumsverhältnisse an Hand von Korrespondenzen und Fakturen nachweisen müssen.

2. Da es kaum möglich gewesen wäre, den in lit. f. des Reglements vorgesehenen Termin für die Rückforderung der nicht requirierten Waren einzuhalten, bestand Gefahr, daß alle diese Waren der angedrohten zwangsweisen Versteigerung ausgesetzt würden. Ich habe deshalb die Anregung gemacht, daß den Eigentümern dieser Waren die Möglichkeit gesichert werde, dieselben in Privatmagazine unterzubringen und dort unter Zollverschluß zu stellen. Durch diesen Vorschlag sollte erreicht werden, daß der Grund für die zwangsweise Versteigerung, der ausschließlich in der notwendigen Entlastung der Lokale der Zollverwaltung liegt, dahinfalle und die Eigentümer die Möglichkeit erhalten, die Freigabe ihrer Waren ohne Rücksicht auf die angesetzten Fristen zu betreiben. Erfreulicherweise habe ich in Erfahrung bringen können, daß das Finanzministerium diesem für die Ladungsbeteiligten so wichtigen Vorschlag in allen Teilen beigepflichtet, und daß auch das Marineministerium sich im zustimmenden Sinne ausgesprochen hat. Es steht nun noch die Meinungsäußerung des Ministeriums des Auswärtigen aus, die nicht zweifelhaft sein soll und die täglich erwartet wird.

Für die Bewilligung zum Zweck der Überführung von Waren in Privatmagazine wird die Zollverwaltung keine besonderen Ausweise verlangen, sondern sich mit einem schriftlichen Gesuch der Beauftragten befriedigen.

3. Weitere Unklarheit bot auch die Frage der Auslieferung der Ware an einen Interessenten gegen Hinterlegung des Wertes der Ware, entsprechend lit. D. des Reglements. Nach der Auffassung des Ministeriums kann die Auslieferung an jeden

Interessenten erfolgen, welcher sich an Hand eines Delivery Order's und des Legitimationsscheines ausweist und den Wert der Ware deponiert. Ein Ausweis darüber, daß der Hinterleger des Wertes der Ware selbst Eigentümer derselben geworden sei, wird nicht verlangt werden. Es leuchtet ein, daß die italienischen Behörden das größte Interesse haben an der Freigabe der Ware gegen Hinterlegung ihres Wertes, weil auf diesem Wege die öffentliche Versteigerung vermieden wird, deren Erlös aus naheliegenden Gründen unter dem zu hinterlegenden Handelswert bleiben würde. Dem Interessenten, welcher auf Grund von Hinterlage des Wertes in den Besitz von Gütern gelangt, steht es dann frei, in Italien über dieselben nach seinem Gutfinden zu verfügen. Falls er sie aus Italien auszuführen wünscht, ist er natürlich den Regeln unterworfen, welche in den Dekreten über die Ausfuhr und den Transit aufgestellt sind.

4. Auf Ersuchen der Deutschen Regierung habe ich schließlich dem Ministerium den Vorschlag gemacht, die Verwertung derjenigen Waren, welche nicht requiriert wurden und auch nicht durch Eigentumsnachweise oder Hinterlage freigegeben sind, also der zwangsweisen Versteigerung unterworfen sind, sofern sie nicht in Privatmagazine untergebracht wurden, in der Weise durchzuführen, daß der Verkauf durch einen gerichtlich oder administrativ bestellten Treuhänder erfolgen würde. Dieser würde die Ware im Einvernehmen mit den Beteiligten sachgemäß verwerten und den Erlös hinterlegen. Der Vertreter des Ministeriums hat auch diesen Vorschlag, welcher zweifellos die Ladungsbeteiligten vor großen Verlusten bewahren würde, günstig aufgenommen, und wird die Angelegenheit auf Grund meiner heute eingereichten Note einem näheren Studium unterziehen.

Aus meiner eingehenden Besprechung habe ich den Eindruck gewonnen, daß es nicht in der Absicht der italienischen Regierung liegt, durch willkürliche zwangsweise Verwertung den Interessenten unnötige Verluste zuzufügen, sondern daß man vielmehr bereit ist, den Ansprechern der Ware Erleichterungen zu gewähren, damit sie in der einen oder anderen Form selbst die Verwertung ihrer Güter durchführen können.

Ich bitte Sie, vorstehende Ausführungen zur Kenntnis der Interessenten zu bringen, damit sie ohne Verzug ihre entsprechenden Maßnahmen treffen können. An das Politische Departement sende ich denselben Bericht, um zu veranlassen, daß die Schiffahrtsgesellschaften im Sinne dieser Gesichtspunkte ihre Verfügungen treffen.

Die Rückäußerung des Ministeriums, betreffend Überführung der Güter in Privatmagazine und eventuelle Verwertung durch einen Treuhänder werde ich Ihnen nach Eintreffen unverzüglich bekanntgeben.

Unsererseits werden wir nicht verfehlen, bei den kompetenten Autoritäten, solange es uns gestattet wird, eine Verlängerung der Abnahmefrist der Güter zu verlangen; wir bitten Sie jedoch Ihrerseits die Ladungsbeteiligten für D. „Sigmaringen“ und D. „Borkum“ gefl. um Beschleunigung zu ersuchen, speziell wegen D. „Borkum“, wofür bis jetzt nur zwei bei uns angefragt haben.

Die Firma Carl Specker u. Cie., Rheineck, berichtet zur Sache unterm 14. Juni:

> Wir beehren uns, Ihnen noch die erfreuliche Mitteilung zu machen, daß es den Bemühungen unserer Freunde in Italien gelungen ist, den mehr als knappen Termin (7. Juni) für den Rückzug der Waren auf den 7. Juli 1916 zu verschieben. Es empfiehlt sich aber, sofort dafür zu sorgen, daß bis dann die Rückstände in Ordnung gebracht werden.

und unterm 15. Juni:

> Laut soeben eingetroffener Depesche hat das Italienische Ministerium nunmehr die Erlaubnis erteilt, die Waren aus deutschen Dampfern, welche angesprochen werden, in Privatmagazinen unter Sperrung, solange die Formalitäten nicht erledigt sind, einzulagern und sie dadurch der öffentlichen Versteigerung zu entziehen.

Hochachtungsvoll
gez. Norddeutscher Lloyd
Ostasiatische Fahrt.

Anhang Nr. 10.

Aus dem Rundschreiben des Norddeutschen Lloyd vom 20. Juni 1916.

Ministerium des Äußern.
26539/524. Übersetzung ohne Verbindlichkeit.

Mitteilung.

In Beantwortung der Nota der Schweizerischen Legation Nr. 538 vom 9. Mai hat das Kgl. Ministerium des Äußern die Ehre, Ihnen mitzuteilen, daß das Kgl. Ministerium der Finanzen den Zollbehörden die nötigen Anweisungen zugehen ließ, in Zukunft als Beweis der Herkunft der von den deutschen Schiffen ausgeladenen Waren, andere nachprüfbare kaufmännische Schriftstücke anzunehmen, falls es den Geschäftshäusern nicht möglich sein sollte, die ordnungsgemäß unterschriebenen Konnossemente vorzuweisen.

Anschließend an diese Mitteilung an die Schweizerische Legation behält sich das Kgl. Ministerium des Äußern das Recht vor, den Standpunkt der Regierung betr. der eventl. Unterbringung der gelöschten Waren, die deutschen Verladern zugehörig sind, in privaten Lagerhäusern noch mitzuteilen.

Rom, 2. Juni 1916.

An die Schweizerische Legation
Via Piacenza 6, Rom.

Anhang Nr. 11.

Aus dem Rundschreiben des Norddeutschen Lloyd vom 20. Juni 1916.

Übersetzung (ohne Verbindlichkeit).

Bedingungen, betreffend die Unterbringung der von deutschen requirierten Dampfern gelöschten Waren in private Lagerhäuser.

Die von deutschen requirierten Dampfern ausgeladenen Waren können unter Zollverschluß und zu den folgenden Bedingungen in Lagerhäuser privaten Eigentums verbracht werden:

1. Die Königliche Zollbehörde ist von dem Augenblick, da die Ware aus den Zollhäusern ausscheidet, von jeder Verpflichtung gegenüber den Eigentümern hinsichtlich der Mehrkosten und der längeren Lagerzeit, sowie der daraus resultierenden Konsequenzen, entbunden.

2. Vom gleichen Augenblick an sind die Königlichen Zollbehörden davon entbunden, für die aus der neuen Unterbringung entstehenden Kosten, sei es auch nur als Vorschuß, aufzukommen.

3. Desgleichen sind die Zollbehörden nicht für irgendwelche Havarien, Verluste oder Schäden im allgemeinen, die die Waren nach dem Verlassen der Zoll-Lokalitäten erleiden könnten, verantwortlich.

4. Die neuen Unterbringungsräume sollen nichts mit dem Seehandel zu tun haben.

5. Die Auslagen, die bisher von den Hafenbehörden für Löschen und Lagergeld für die Waren gemacht worden sind, müssen vor dem Verlassen der Zollräume bezahlt werden.

Firmen, die von dieser Erlaubnis Gebrauch zu machen denken, müssen ein regelrechtes Gesuch an das Königliche Finanzministerium durch Vermittelung der zuständigen Zollbehörde einreichen.

Die Wegnahme von den privaten Lagerhäusern ist denselben Bedingungen unterworfen, die für die Zurückziehung der Waren von den Zollhäusern festgelegt sind.

Anhang Nr. 12.

V.H.A.
H.B.

Hamburg, den 15. Dezember 1916.

Nr. 1192.

Güter in Italien.

Laut Rundschreiben des Norddeutschen Lloyd vom 5. crt. und der Hamburg-Amerika-Linie vom 8. crt. hat die Kaiserlich Deutsche Gesandtschaft in Bern am 2. crt. Folgendes mitgeteilt:

„Sie werden ergebenst benachrichtigt, daß, wie das schweizerische Generalkonsulat in Neapel berichtet hat, die dortigen Zollbehörden von der Regierung Weisung betreffend den Verkauf deutscher Waren aus den requirierten Dampfern erhalten haben, und daß nunmehr auch der Firma Mangili die Erlaubnis zur Einlagerung von Waren in ihr Privatmagazin erteilt worden sei. Alle an das Generalkonsulat gestellten Anträge auf Einlagerung würde dasselbe daher künftig dahin erledigen, daß die Waren der Firma Mangili zur Deponierung übergeben würden, da sich, soviel dem Generalkonsulat bekannt ist, kein anderer Spediteur damit befasse. — Was die praktische Durchführung dieser Umlagerung der nicht requirierten Waren in Privatmagazine anbelangt, so wird Ihnen noch ergebenst mitgeteilt, daß nach einer Mitteilung des hiesigen Politischen Departements die Hinterlegung des Wertes der Ware bei einer Einlagerung nicht erforderlich sei, so auch nicht die Bezahlung des Zolles, wohl aber müßten alle anderen auf der Sendung lastenden Kosten von den Eigentümern bezahlt werden."

Wir bitten Sie, Ihre Versicherten hiervon zu verständigen mit dem Hinweis, daß jetzt offenbar der Einlagerung von Gütern aus den beschlagnahmten deutschen Dampfern in Privatläger keine Schwierigkeiten mehr entgegenstehen. Erfolgt eine entsprechende Einlagerung nicht, so würde wohl die italienische Regierung zum Zwangsverkauf der nicht abgenommenen Waren als herrenloses Gut schreiten und ein solcher Zwangsverkauf wäre keinesfalls zu Lasten der Versicherer.

Verein Hamburger Assecuradeure
Havarie-Bureau.

Anhang Nr. 13.

Aus dem Rundschreiben des Norddeutschen Lloyd vom 10. Februar 1917.

An die Schweizerische Gesandtschaft, Rom.

Neapel, den 15. Januar 1917.

Deutsche Angelegenheiten.

Hochgeehrter Herr Minister!

Nachdem die Speditionsfirma Innocente Mangili alle Schwierigkeiten überwunden hat, die der Einlagerung von Waren aus den hier gelöschten requirierten deutschen Schiffen entgegengestanden, können nun solche Waren in ihrem Privatmagazin untergebracht werden. Die genannte Firma muß aber den italienischen Behörden gegenüber für die bei ihr eingelagerten Waren Garantie leisten, weil die Waren noch nicht verzollt sind. Deshalb verlangt auch sie von den Firmen, die die Einlagerung ihrer Waren bei ihr beantragen, einen entsprechenden Vorschuß. Um unnötigen Weiterungen und Mißverständnissen vorzubeugen, halte ich es am Platze, den Wareneigentümern durch ein Rundschreiben die Normen für die Einlagerung bekanntzugeben, weshalb ich ergebenst bitte, den Inhalt meines Berichts der Kaiserlich Deutschen Gesandtschaft in Bern zur weiteren Veranlassung hochgeneigtest zur Kenntnis bringen zu lassen. Die folgenden Punkte dürften genügend und maßgebend sein:

1. Die zuerst geforderte Hinterlegung des Rechnungswertes der Ware ist nicht mehr bedingt.
2. Die Waren werden unverzollt eingelagert, bleiben daher unter Zollaufsicht.
3. Alle andern auf den Sendungen lastenden Kosten (Ladespesen, bisherige Einlagerungskosten und dergleichen) müssen vor der Einlagerung berichtigt werden.
4. Mit der Einlagerung befaßt sich die Speditionsfirma Innocente Mangili in Neapel, Piazza Municipio.
5. Bei großen Partien fordert die Firma für das erste Jahr 15% des Rechnungswertes der Waren. Davon bestreitet sie alle unter Nr. 3 erwähnten Auslagen. Für jedes weitere Jahr müssen dann 10% des Rechnungswertes bezahlt werden. Diese Prozentsätze müssen im voraus als Vorschuß überwiesen werden.
6. Bei kleineren Partien wird der zu zahlende Vorschuß von Fall zu Fall bestimmt.
7. Freistellungsscheine und Rechnungen sind den Anträgen auf Einlagerung beizufügen.

8. Die eingelagerten Waren werden versichert; die Versicherungsprämie wird von dem Vorschuß bezahlt.
9. Das Schweizerische Generalkonsulat in Neapel übernimmt die Vermittelung der Anträge an Mangili.

Sollten sich mit der Zeit Änderungen dieser von der Firma Mangili vorgeschlagenen Norm nötig machen, werde ich nicht verfehlen, sofort zu berichten.

Genehmigen Sie, hochgeehrter Herr Minister, die Versicherung meiner ausgezeichneten Hochachtung.

Das Schweizerische Generalkonsulat.

Anhang Nr. 14.

Die Nummer 626 der amtlichen Sammlung von Gesetzen und Erlassen des Königreiches enthält folgendes Dekret:

Art. 1.

Wenn die Entladung von Schiffen erforderlich wird, welche zur Verfügung der Staatsverwaltung gestellt werden müssen, so wird das Hafenkommando mittels eingeschriebenen Briefes den Kapitän und den Reeder oder dessen Vertreter davon benachrichtigen, damit dieser in einem zu bestimmenden Zeitpunkt jedesmal das Nötige veranlaßt.

Das Hafenkommando wird, wenn diese Frist verstrichen oder, in dringenden Fällen auch unverzüglich im Einverständnis mit dem Kgl. Zollamt von Amtswegen das Nötige veranlassen, indem es dafür sorgt, daß die Waren entweder im Depot oder im Lager ordnungsmäßig untergebracht und bewacht werden.

Diejenigen der genannten Waren, welche nicht von der Staatsverwaltung requiriert sind, müssen durch das Kgl. Zollamt denjenigen abgeliefert werden, welche ihre Ansprüche darauf sowie die Begleichung des dafür geschuldeten Betrages nachweisen können.

Art. 2.

Derjenige welcher die Auslieferung der Ware verlangt, aber durch besondere Umstände nicht in der Lage ist, sämtliche verlangten Papiere vorzulegen, oder wenn er gewisse Ansprüche für übermäßig hält, von deren Befriedigung die Ausstellung irgend eines dieser Papiere abhängt, kann sich an eine, wenn nötig durch das Ministerium der See- und Eisenbahntransporte bei dem Hafenkommando einzusetzende schiedsrichterliche Kommission wenden.

Die Kommission ist zusammengesetzt aus 1 Justizrichter als Vorsitzendem, 1 Beamten des Hafenkommandos und 1 Vertreter der Handelskammer, welche durch das Ministerium für See- und Eisenbahntransporte auf resp. Vorschlag des Gerichtspräsidenten, des Hafenkapitäns und des Präsidenten der Handelskammer ernannt werden.

Die Kommission kann, nach erfolgter Prüfung der Papiere, im Einverständnis mit dem Kgl. Zollamt und, wie sie glaubt, nach Einvernehmen mit den beteiligten Parteien, anordnen, daß nach vorheriger Hinterlegung einer bestimmten Kaution oder nach Leistung einer gültigen Garantie die Aushändigung der Ware erfolgt.

In solchem Falle wird die Kommission die Form und Fristen für die Hinterlegung oder die zu leistende Garantie festsetzen.

Auch kann die Komission anordnen, daß die Waren verkauft und der Erlös hinterlegt wird.

Das Kgl. Zollamt trifft Vorkehrung zur unverzüglichen Ausführung, sobald sie die Erfüllung des von der Kommission Bestimmten geprüft hat.

Gegen die Anordnungen der Kommission ist weder Berufung noch Beschwerde zulässig.

Es bleibt überlassen, die gegenseitigen Rechte der Parteien vor den zuständigen Behörden geltend zu machen.

Art. 3.

Die Waren welche innerhalb 60 Tagen, nachdem die erfolgte Entladung des Schiffes durch das Hafenkommando in dem amtlichen Verkündigungsblatt der Provinzen bekannt gegeben wurde, nicht zurückgezogen sind, können der öffentlichen Versteigerung und, falls diese keinen Erfolg hat, der privaten Versteigerung, wofür das Kgl. Zollamt Sorge trägt, ausgesetzt werden.

Warenposten mit einem Werte von unter L. 2000. — werden immer auf privaten Versteigerungen abgesetzt werden.

Das Kgl. Zollamt wird bei der Spar- und Leihkasse für Rechnung dessen, dem es zukommt, den bezüglichen Ertrag, abzüglich der Schiffsfracht, Spesen und Gebühren, welche der Verwaltung geschuldet sind, ausschließlich der Grenzgebühren, hinterlegen.

In den Fällen des Absatzes 2 des 2. Artikels kann der Verkauf nach Ablauf der von der Kommission bestimmten Frist erfolgen.

Art. 4.

Die von dem Preis vorweg abzuziehenden Spesen, die bei Ablieferung der Waren, auf denen solche lasten, bezahlt werden müssen, sind jene des Entladens, des Stilliegens, der schwimmenden Baken, des Hineinbringens in die Depots und Lagern sowie des Ordnens darin, des Transportes, des Lagerns, des Herausbringens aus den schwimmenden Baken oder den Magazinen sowie der Versicherung darin schließlich aller Maßnahmen zur Erhaltung und Aufsicht sowie zum Verkauf der dem Schiff entladenen Waren.

Art. 5.

Vor der Ablieferung oder dem Verkauf der Waren wird das Hafenkommando dem Kriegsministerium davon Mitteilung machen, damit, wo nötig, dieses die Verwendung für eigene oder für Rechnung anderer Militär- oder Zivilverwaltungen vornehmen kann.

Für alle Wirkungen der auf die Requirierung bezüglichen Verfügungen gilt das Hafenkommando als wirkliche Besitzerin der Waren, von welchen im Art. 1 die Rede ist.

Art. 6.

Sobald die Requirierung ausgeführt ist, stellt das Hafenkommando ein Verzeichnis der requirierten Waren auf mit allen Kennzeichen, welche zu deren Bestimmung nützlich sind, unter Beifügung des festgesetzten Preises und der Verwaltung, für deren Rechnung der Erwerb erfolgt ist.

Das Verzeichnis wird in dem amtlichen Verkündigungsblatt der Provinzen bekanntgegeben und in der Liste des Hafenkommandos angeschlagen.

Art. 7.

Die Entschädigung der Requirierung wird nach Abzug der Spesen demjenigen ausgefolgt werden, welchem im Sinne des 2. Absatzes des Artikels 1 die Waren hätten ausgeliefert werden müssen.

Wenn Zweifel oder Meinungsverschiedenheiten entstehen, oder, wenn die Entschädigung nicht angenommen wird, wird diese nach Abzug der Spesen für Rechnung des in Betracht Kommenden bei der Spar- und Leihkasse einbezahlt.

Solche Einzahlung kann auch gleich gemacht werden, wenn innerhalb der Frist nach Art. 9 sich niemand zum Empfang der Entschädigung vorstellt.

Art. 8.

Derjenige, welcher die Entschädigung für die Requirierung der Waren verlangt, kann, wenn die in dem 1. Teil des Art. 2 vorgesehenen Bedingungen erfüllt, sich an die dafür bestimmte Kommission wenden, welche die Hinterlegung oder Zahlung der Summe verfügt, indem sie die geeigneten Sicherheiten in der Art und den Grenzen sowie allen Wirkungen bestimmt, welche der vorerwähnte Artikel vorsieht.

Art. 9.

Die in dem ersten Teil des einzigen Artikels des Dekrets der Statthalterschaft vom 27. August 1916 Nr. 1110 festgesetzte Frist von 60 Tagen läuft für die Wirkungen des gleichen Dekrets von dem Tage der Veröffentlichung des Verzeichnisses in dem amtlichen Verkündigungsblatt der Provinz an, Veröffentlichung, welche in Art. 6 angeordnet wurde.

Das Gesuch für die Bildung des schiedsrichterlichen Kollegiums im Sinne des Art. 2 des Dekrets der Statthalterschaft vom 30. Oktober 1915 Nr. 1570 ist an diejenige Verwaltung zu richten, für deren Rechnung die Requirierung erfolgt.

Art. 10.

Bei der Anwendung des gegenwärtigen Erlasses bleiben die in Kraft gesetzten Verfügungen für die Angehörigen der feindlichen Staaten oder der Verbündeten der feindlichen Staaten und für die Ausübung des Seebeuterechts bestehen.

Art. 11.

Der Minister für die See- und Eisenbahntransporte, im Verein mit jenem der äußeren Angelegenheiten, der Finanzen und des Krieges wird die Anweisungen für die Ausführung des gegenwärtigen Erlasses geben.

Art. 12.

Die Vorkehrungen nach dem gegenwärtigen Erlaß sind seitens der Funktionäre der Hafenkommandos und der Kgl. Zollämter ohne jede Verantwortlichkeit ihrerseits und der öffentlichen Verwaltung und ohne Nachteil der gegenseitigen Rechte der Parteien gegeben worden.

Art. 13

Der gegenwärtige Erlaß ist auch auf diejenigen Waren anwendbar, welche vor dem heutigen Datum von den der Staatsverwaltung zur Verfügung gestellten Schiffen ausgeladen wurden

In solchem Falle läuft die in Art. 3 bestimmte Frist von dem Datum der Bekanntmachung desselben Dekrets an.

Für die Requirierungen, welche vor dem Inkrafttreten des gegenwärtigen Erlasses geschehen sind, bleibt die Bestimmung des einzigen Artikels des besagten Erlasses der Statthalterschaft vom 27. August 1916 Nr. 1110 bestehen.

Art. 14.

Das gegenwärtige Dekret hat Wirkung von dem Tage seiner Bekanntmachung in der amtlichen Zeitung des Königreichs an.

Wir ordnen an, daß gegenwärtiges Dekret, mit dem Staatssiegel versehen, in der amtlichen Sammlung der Gesetze und Dekrete des Königreichs Italien veröffentlicht wird, indem wir verlangen, daß dasselbe von denjenigen, auf welche es immer Bezug hat, beachtet wird und beachten machen.

Rom, 29. März 1917.

gez. Tomas von Savoyen.

Anhang Nr. 15.

Schweizerisches Politisches
Departement.
Abteilung für Auswärtiges.
D. 3072.

Das Politische Departement beehrt sich der Kaiserlichen Gesandtschaft 3 Exemplare der Gazetta Ufficiale vom 27. v. M. zu übersenden, worin das italienische Dekret Nr. 626 vom 29. März d. J., betreffend Normen über die Verabfolgung, den Verkauf und die Requisition von Waren aus requirierten Schiffen veröffentlicht wird. Nach Art. 10 des Dekrets findet dasselbe auch auf deutsche Waren aus deutschen Schiffen Anwendung, wenngleich die dieserhalb erlassenen besonderen Bestimmungen in Kraft bleiben.

Wie dem Dekret zu entnehmen ist, werden die Listen der requirierten Waren im Amtsblatt der zuständigen Provinz bekannt gegeben. Das Departement wird nicht verfehlen, der Kaiserlichen Gesandtschaft die Listen nach Eintreffen, zu Händen der Interessenten, zukommen zu lassen.

Besondere Beachtung scheinen die Artikel 3 und 13 des Dekrets zu verdienen, wonach die Waren aus bereits ausgeladenen Schiffen, was für die deutschen Schiffe wohl ausnahmslos zutrifft, nach Ablauf des 27. Juni 1917 versteigert oder verkauft werden können, worauf der Erlös, nach Abzug der Unkosten, bei der italienischen Cassa dei Depositi e Prestiti, zur Verfügung der Berechtigten, bis Kriegsende deponiert wird.

Sofern die Interessenten vermeiden wollen, daß ihre nicht requirierten Waren seitens der italienischen Behörden veräußert werden, ist es demnach dringend geboten, daß sie unverzüglich, unter Einsendung der Beweisstücke (Freistellungsscheine, beglaubigte Rechnungen), wegen der Waren Verfügung treffen, d. h. ohne vorher die Veröffentlichung der Liste der requirierten Waren abzuwarten.

Eine Möglichkeit der Einlagerung deutscher Waren in Privatmagazine unter Zollkontrolle besteht, wenigstens bis jetzt, nur für die in Neapel entladenen Schiffe, indem die Firma Innocente Mangili sich damit befaßt. Auch ist bisher nur in Neapel ein Verkauf deutscher Waren, ohne unmittelbare Mitwirkung der italienischen Behörden, zu praktischer Bedeutung gelangt.

Über die Schwierigkeiten, die sich der Abwicklung derartiger Geschäfte in den Häfen von Syrakus und Cagliari entgegenstellen, konnte das Departement schon mehrmals berichten. Der Schweizerische Gesandte möchte bei diesem Anlaß auf seinen Vorschlag zurückkommen, daß es vielleicht angezeigt wäre, daß ein Bevollmächtigter nach diesen beiden Hafenplätzen entsandt werde, der an Ort und Stelle die Angelegenheiten erledige und erkunde, ob daselbst eine Privateinlagerung oder ein freihändiger Verkauf sich ermögliche. Dieser Beauftragte könnte dabei auch, sofern nötig, die gemäß Art. 2 des Dekrets bei unzulänglichen Dokumenten vorgesehene Übergabe von Waren betreiben.

Der Durchschlag eines Berichts des Schweizerischen Generalkonsuls in Neapel, der sich auf die Angelegenheit bezieht, findet sich angeschlossen.

Das Departement darf die Kaiserliche Gesandtschaft bitten, die Kaiserliche Regierung von Vorstehendem gefälligst in Kenntnis setzen zu wollen mit Anheimstellung einer beschleunigten Benachrichtigung der deutschen Interessenten.

Bern, den 8. Mai 1917.

An die Kaiserlich Deutsche Gesandtschaft in Bern.

Anhang Nr. 16.

Bremen, den 14. Mai 1917.

Betrifft Ladung aus Dampfern in Italien.

Durch die Kaiserlich Deutsche Gesandtschaft, Abtlg. J, in Bern, erhielten einen Auszug aus einer Note des Schweizerischen Politischen Departements vom 8. ds. Mts. sowie eine unverbindliche Übersetzung der italienischen Verordnung vom 29. März — Nr. 626. Wir geben Ihnen diese Mitteilungen hiermit in Abschrift wieder und bemerken dazu, daß die italienische Regierung jetzt endgültig nach Ablauf des 27. Juni 1917 mit der Versteigerung der deutschen Waren beginnen will. Sollten Sie noch etwas im Interesse Ihrer Waren unternehmen wollen, dann ist es jedenfalls notwendig, unverzüglich das Weitere zu veranlassen.

Deutsche Dampfschiffahrtsgesellschaft „Hansa“.

Anhang Nr. 17.

Norddeutscher Lloyd
Ost-Asiatische Fahrt.

Bremen, den 8. März 1916.

An die Herren Ladungsbeteiligten!

D. „Bülow" in Lissabon.

Wir erhielten soeben die telegraphische Nachricht, daß die Besatzung des Schiffes in Vigo angekommen ist und damit die direkte Bestätigung der durch die Zeitung bereits gemeldeten Requisition des Schiffes durch die portugiesische Regierung. Schiff und Ladung sind damit unserer Kontrolle entzogen, und wir nehmen hiermit unter Bezugnahme des Paragraphen 634 D.H.G.B. Veranlassung, Ihnen unseren Rücktritt vom Frachtvertrage anzuzeigen.

Irgendwelche Mitteilungen über das, was mit der Ladung geschehen ist oder geschehen wird, haben wir bis soweit nicht empfangen, was wir darüber in Erfahrung bringen können, werden wir ohne Verzug bekannt geben.

Hochachtungsvoll
Norddeutscher Lloyd
Ostasiatische Fahrt
gez. Unterschrift.

Anhang Nr. 18.

Übersetzung aus dem Portugiesischen von dem beeidigten Übersetzer Cassuto.

(Aus dem Regierungsblatt (Diario do Governo) vom Freitag, den 21. April 1916).

Auszug aus dem Dekret No. 2350.
(verkündet als Anhang zum Amtsblatt No. 77 vom 20. April)
Kapitel IV.

Behandlung (regime) der feindlichen Schiffe und der betreffenden Ladung.

Paragraph 29. Alle am Datum der Kriegserklärung in portugiesischen Gewässern vor Anker liegenden deutschen Handelsschiffe, welche durch ihren Bau, ihre Ausrüstung oder Anordnung und innere Einrichtung erkennen lassen, daß sie geeignet sind, in Kriegsschiffe verwandelt zu werden, sollen beschlagnahmt und dem Prisengericht übergeben werden, damit dasselbe über ihre endgültige Verwendung beschließt.

Einziger Absatz. Die Feststellung der Umstände, welche erkennen lassen, daß die feindlichen Handelsschiffe geeignet sind, in Kriegsschiffe verwandelt zu werden, soll in kürzester Frist durch die von dem Marineminister oder von dem Gouverneur der betreffenden Kolonie ernannten technischen Kommissionen unter Hinzuziehung der örtlichen Marinebehörden vorgenommen werden. Zur Feststellung in den Kolonien soll eine telegraphische Anweisung der Regierung durch den zuständigen Minister genügen.

Paragraph 30. Die übrigen feindlichen Schiffe bleiben auch ferner requiriert und zwar in Gemäßheit des Dekrets No. 2299 vom 23. Februar 1916 mit Ausnahme der No. 2 und 5 sowie der Absätze 1 und 2 von Paragraph 5, welche infolge der Kriegserklärung aufgehört haben, auf sie anwendbar zu sein.

Einziger Absatz. Die Tatsache der Requisition soll die portugiesische Regierung nicht daran hindern, diejenigen legitimen Rechte auszuüben, welche ihr als Vergeltungsmaßregel für Handlungen des Feindes oder infolge von Änderungen im Kriegszustande mit Bezug auf Portugal etwa zustehen.

Paragraph 31. Die an Bord der Schiffe, auf welche die vorstehenden Paragraphen sich beziehen, angetroffenen oder aus denselben gelöschten feindlichen Waren sollen in Verwahrsam und Verwaltung gegeben und, nachdem der Krieg beendet, ohne Entschädigung zurückgegeben werden. Sie können jedoch in Gemäßheit des Gesetzes No. 480 vom 7. Februar 1916 und des Dekrets No. 2253 vom 4. März selbigen Jahres requiriert werden. Die dem Verderb unterworfenen oder schwer zu verwahrenden und zu konservierenden Waren können durch Vermittelung der Zollämter nach dem anwendbaren Wortlaut des § 240 des Gesetz-Dekrets No. 1 vom 27. Mai 1911 öffentlich verkauft werden, und ist der Reinertrag bei der allgemeinen Hinterlegungskasse unter Angabe der Herkunft zu hinterlegen.

Absatz 1. Als feindliche Waren werden diejenigen angesehen, deren Eigentümer Staatsangehöriger des feindlichen Staates ist.

Absatz 2. Den deutschen Untertanen gleichgestellt sind die auf deutschem Gebiete ansässigen Individuen und die in Paragraph 16 erwähnten Gesellschaften.

Paragraph 32. Die Alliierten oder Neutralen zugehörenden Waren, welche an Bord selbiger Schiffe vorgefunden oder aus ihnen gelöscht sind, soll der Staatsanwalt des betreffenden Gerichtsbezirks gegen oder ohne Bürgschaft ausliefern lassen, immer unbeschadet des Rechts der Regierung, sie gegen Entschädigung zu requirieren. Die Auslieferung ist bei jener Gerichtsperson innerhalb einer Frist von dreißig Tagen zu beantragen, unbeschadet der in beachtenswerten Fällen durch das Finanzministerium gestatteten Fristverlängerung.

Absatz 1. Die Bürgschaft soll immer verlangt werden, wenn der Eigentümer nicht das in gehöriger Form ausgestellte Ladungsdokument vorlegt und ist die Bestimmung von Absatz 2 des § 478 des Dekrets vom 31. Januar 1889 in Anwendung zu bringen.

Absatz 2. Der Beschluß des Staatsanwalts ist dem Finanzministerium mitzuteilen und der eventuelle Auslieferungsschein soll dem Interessenten übergeben werden und das regelrechte Ladungskonnossement für alle Wirkungen bei den Zoll- oder anderen Behörden ersetzen.

Paragraph 33. Wird der neutrale oder freundliche Charakter der an Bord eines feindlichen Schiffes vorgefundenen oder aus demselben gelöschten Ware nicht klar festgestellt oder weiß man nicht, wer der Eigner ist, so wird angenommen, daß die Ware eine feindliche ist.

Paragraph 34. Durch die Prisengerichte und gemäß dem für Prisen festgesetzten Verfahren sind alle Schwierigkeiten zu entscheiden, welche über die Nationalität, über die Hinterlegung und Verwaltung und über die Auslieferung der Waren, von denen in den vorstehenden Paragraphen die Rede, entstehen können.

Paragraph 35. Für die Untersuchung und Urteilsfällung in Prisensachen sind die Handelsgerichte in Gemäßheit des Paragraphen 179 der Handelsprozeß-Ordnung zuständig.

Absatz 1. Das Urteil soll immer dem Handelsgericht von Lissabon zustehen, wenn auch die Voruntersuchung durch die Handelsgerichte der Kolonien geführt wird.

Absatz 2. Die Form des Verfahrens soll die summarische in Gemäßheit des Dekrets No. 3 vom 29. Mai 1907 sein, und muß der Untersuchungsrichter, falls es nicht derjenige von Lissabon ist, die Akten innerhalb der vierundzwanzig Stunden, auf welche sich Paragraph 10 selbigen Dekrets bezieht, expedieren lassen.

Absatz 3. Bei diesem Verfahren sollen keine Kosten oder Stempelabgaben erwachsen.

Paragraph 36. Bei den Prisengerichten wird der Staat durch den Staatsanwalt, und die beteiligte Partei, falls es eine feindliche oder eine derselben gleichgestellte Person ist, durch den für sie ernannten Depositar-Verwalter, wenn es sich um Ware handelt, oder durch einen seitens des Richters ernannten Rechtsanwalt, wenn es sich um Schiffe handelt, vertreten.

Anhang Nr. 19.

§ 101 der Allg. See-Vers.-Bedingungen.

Ist vereinbart, daß der Versicherer zwar nicht die Kriegsgefahr übernehme, alle übrigen Gefahren aber auch nach Eintritt einer Kriegsbelästigung tragen solle (welche Vereinbarung namentlich angenommen wird, wenn der Vertrag mit der Klausel: „nur für Seegefahr" abgeschlossen ist), so endet die Gefahr für den Versicherer erst mit der Kondemnation der versicherten Sache, oder sobald sie geendet hätte, wenn die Kriegsgefahr nicht ausgenommen worden wäre; der Versicherer haftet aber nicht für die zunächst durch Kriegsgefahr verursachten Schäden, also insbesondere nicht:

für Konfiskation durch kriegführende Mächte;

für Nehmung, Beschädigung, Vernichtung und Plünderung durch Kriegsschiffe und Kaper, (mögen diese Kriegsschiffe oder Kaper anerkannten oder mögen sie nicht anerkannten Mächten angehören;

für die Kosten, welche entstehen aus der Anhaltung und Reklamierung, aus der Blockade des Aufenthaltshafens, oder der Zurückweisung von einem blockierten Hafen, oder aus dem freiwilligen Aufenthalt wegen Kriegsgefahr;

für die nachstehenden Folgen eines solchen Aufenthalts: Verderb und Verminderung der Güter, Kosten und Gefahr ihrer Entlöschung und Lagerung, Kosten ihrer Weiterbeförderung. (Dauert der Aufenthalt länger als zwei Monate, so gilt die Versicherung auf Güter, für alle Fälle und unbeschadet der sonstigen vorstehenden Bestimmung, frei von Beschädigung und resp. Bruch außer im Strandungsfall, bei flüssigen Waren in Gebinden frei von Leckage, ausgenommen wenn das Schiff gestoßen hat.)

Im Zweifel wird angenommen, daß ein eingetretener Schaden nicht durch Kriegsgefahr verursacht sei.

(Wird das Schiff infolge von Kriegsverhältnissen in einen Hafen verwiesen oder aufgebracht, so hat bei einer unter der hier in Rede stehenden Bedingung abgeschlossenen Versicherung der Versicherte, insofern er nicht auf die Fortdauer der Versicherung verzichten will, was er indessen unverzüglich, nachdem er von der Verweisung oder der Aufbringung Nachricht erhalten hat, erklären muß, eine Prämien-Verbesserung von $^1/_2$ Prozent für jeden angefangenen Monat von dem Zeitpunkt der Ankunft des Schiffes in den Aufbringungshafen bis zu dem Zeitpunkte, in welchem die Gefahr für den Versicherer endet (s. Abs. 1), zu zahlen.)

Zusatz der Güterpolice zu § 101 A.S.V.B.

Ist der Vertrag mit der Klausel: „Nur für Seegefahr" abgeschlossen, so übernimmt der Versicherer gegen eine zu vereinbarende Zuschlagsprämie auch die Gefahr der Ausladung und Lagerung der Güter im

Falle jeglichen Aufenthalts wegen Kriegsgefahr — soweit es sich nicht um Schäden handelt, die während der Ausladung oder Lagerung durch Kriegsereignisse eingetreten sind — unter der Bedingung, daß ihm spätestens am dritten Werktage nach demjenigen Tage, an welchem der Versicherte bezw. Versicherungsnehmer von der erfolgten oder beabsichtigten Ausladung und Lagerung Kenntnis erhalten hat, Anzeige gemacht wird.

Wird über die zu zahlende Zuschlagsprämie eine Einigung nicht erzielt, so trägt der Versicherer, falls die Anzeige wie vorstehend erstattet ist, die Gefahr der Ausladung und Lagerung — unter Berechnung einer Prämie nach Billigkeit — bis zu dem Augenblick, in welchem die Verhandlungen von der einen oder anderen Seite abgebrochen sind, und zwar zu den im Vertrage festgesetzten Bedingungen; im übrigen gilt die Versicherung — wenn eine solche Einigung nicht erzielt ist und der oben erwähnte Aufenthalt länger als zwei Monate dauert — für die etwaige Weiterreise in allen Fällen nur frei von Beschädigung (resp. Bruch) außer im Strandungsfalle, bei flüssigen Waren in Gebinden entsprechend frei von Leckage.

Der Versicherte hat alle Rechte aus etwaigen anderen Transportversicherungen, durch welche die oben bezeichnete Gefahr gedeckt ist oder nach Ansicht des Versicherers gedeckt sein könnte, an letzteren abzutreten und finden die Vorschriften des § 71 entsprechende Anwendung.

Anhang Nr. 20.

Zusatz zur Güterpolize zu § 60 A.S.V.B.

Güter, auf durchgehende Konnossemente verladen, gehen in allen für den Transport eingeschlagenen Richtungen, gleichviel auf welchen Wegen, zu Wasser oder zu Lande, sie transportiert werden mögen, bis zur Ablieferung am Destinationsplatze für Gefahr der Versicherer.

Werden für kombinierte Reisen versicherte Güter ohne durchgehendes Konnossement verladen, so tragen die Versicherer derselben auch die Gefahr der Zwischentransporte und des Verweilens in den Zwischenplätzen; die Gefahr des Letzteren jedoch nur für den Zeitraum, während dessen ein Verweilen der Güter durch willkürliche Verfügungen der Versicherten oder deren Vertreter ungebührlich verlängert wird.

In allen Fällen, in welchen die Versicherung ungeachtet einer Vergrößerung oder Veränderung der Gefahr und ungeachtet einer Verzögerung des Antritts oder der Vollendung der Reise, in Wirksamkeit bleibt, finden die Bestimmungen des § 60, Absatz 4 Anwendung.

Anhang Nr. 21.

Vereinbarung betreffend Übernahme der Kriegsgefahr

Kriegsklausel

Die Police deckt (auch) die durch die Klausel „nur für Seegefahr" ausgeschlossenen Gefahren, jedoch haftet der Versicherer nicht:

1. für Kosten (auch nicht für die als Havarie grosse umgelegten Kosten), welche entstehen aus dem freiwilligen Aufenthalt wegen Kriegsgefahr, aus der Anhaltung, der Blockade des Aufenthaltshafens, der Zurückweisung von einem blockierten Hafen, der Ausladung, Lagerung und Weiterbeförderung der Güter wegen Kriegsgefahr;
2. für die nachstehenden Folgen eines durch Kriegsgefahr verursachten Aufenthalts: Verderb und Verminderung der Güter, sowie andere Schäden, die während der Ausladung und Lagerung der Güter eintreten, soweit solche Schäden durch die Klausel „Nur für Seegefahr (§ 101 nebst Zusatz) gedeckt sind, bezw. gedeckt werden können. Die der ersten Bestimmung entgegenstehenden Vorschriften des § 70 sub 3 werden aufgehoben;
3. für die Auferlegung von Zöllen und Kontributionen, sowie daraus entstehende Kosten.

§ 116 wird dahin geändert, daß an Stelle der dort sub 2 bestimmten Fristen eine Frist von 2 Monaten gesetzt wird, gerechnet von dem Tage, an welchem dem Versicherer die Anzeige gemacht ist, daß die freie Verfügung über das versicherte Interesse dem Versicherten entzogen ist.

Besonderer Zusatz für alle laufenden oder offenen Polizen.

Sind Güter aller Art ohne spezielle Angabe ihrer Gattung versichert, so sollen die von den im Krieg begriffenen Mächten als Kontrebande behandelten Gegenstände nur gegen besondere Vereinbarung eingeschlossen sein, im übrigen jedoch sind die Bestimmungen der §§ 54 und 55 als aufgehoben zu betrachten.

Beiden Teilen steht das Recht zu, für alle Abladungen, deren Risiko nach Ablauf von vierzehn Tagen — vom Kündigungstage an gerechnet — beginnt, die obige, den Einschluß der Kriegsgefahr betreffende Vereinbarung zu kündigen. Die Kündigung kann rechtswirksam auch an den vermittelnden Makler erfolgen.

Anhang Nr. 22.

Zusatz zur Güterpolize zu §§ 54—56 A.S.V.B.

Zur Beseitigung erhobener Zweifel über die Tragweite der §§ 54—56 wird erklärt, daß die in denselben angeordnete besondere Anzeigepflicht nur für solche Versicherungsfälle besteht, in welchen auch Kriegsgefahr von den Versicherern übernommen wird. Sie besteht also dann nicht, wenn „nur für Seegefahr" Versicherung geleistet worden ist.

Anhang. Nr 23.

Chalmers and Owen's Marine Insurance Act. London 1906.

§ 60. (1.) Subject to any express provision in the policy, there is a constructive total loss where the subject matter insured is reasonably abandoned on account of its actual total loss appearing to be unavoidable, or because it could not be preserved from actual total loss without an expenditure had been incurred.

(2.) In particular, there is a constructive total loss,

(i) Where the assured is deprived of the possession of his ship or goods by a peril insured against, and (a) it is unlikely that he can recover the ship or goods, as the case may be, or (b) the cost of recovering the ship or goods, as the case may be, would exeed their value when recovered, or

(ii) In the case of damage to a ship, where she is so damaged by a peril insured against, that the cost of repairing the damage would exeed the value of the ship when repaired.

In estimating the cost of repairs, no deduction is to be made in respect of general average contributions to those repairs payable by other interests, but account is to be taken of the expense of the future salvage operations and of any future general average contributions to which the ship would be liable if repaired.

(iii) In the case of damage to goods, where the cost of repairing the damage and forwarding the goods to their destination would exceed their value on arrival.

Anhang Nr. 24.

Abschrift aus den Protokollen der Kommission zur Beratung eines allgemeinen deutschen Handelsgesetzbuches.

386. Sitzung, Seite 3349.

Anlage A

Art. 650, 653.

Ein Totalverlust wird in Ansehung des Schiffs und der Güter bezahlt:

wenn dieselben unrettbar gesunken, — in ihrer ursprünglichen Beschaffenheit zerstört, — genommen und als gute Prise erklärt oder überhaupt in Folge einer anderen, dem Versicherer zur Last fallenden Gefahr, dem Versicherten ohne Aussicht auf Wiedererlangung gänzlich entzogen sind;

ferner wenn sie, ungeachtet der Möglichkeit, daß dieselben späterhin ganz oder zum Teil wiedererlangt werden, von einer kriegführenden Macht aufgebracht, unter Embargo gelegt, auf andere Weise durch Verfügung von hoher Hand angehalten oder durch Seeräuber genommen sind — in diesen Fällen aber nur, falls die Anhaltung (während zu bestimmender Zeiträume je nach den Entfernungen) gedauert hat — sowie wenn das Schiff als verschollen zu betrachten ist.

Ein Totalschaden in Ansehung des Schiffs wird insbesondere bezahlt, wenn dasselbe solche Beschädigungen erleidet oder in eine solche Lage geräth, daß dessen Reparatur, Abbringung oder Rettung einen größeren Kostenaufwand verursachen würde als der Wert des hergestellten Schiffs abzüglich des Werts des Wracks betragen würde.

Dasselbe gilt endlich in Ansehung des Schiffs und der Güter, wenn dieselben durch Gefahren, welche zur Last des Versicherers sind, eine Verminderung von wenigstens drei Vierteilen ihres Werts erlitten haben.

Anlage B

Art. 650.

Einen Totalverlust hat der Versicherer zu vergüten:

1. bei Kaskoversicherung, wenn das Schiff das Ziel nicht erreichen kann, welches als das Ende der von dem Versicherer übernommenen Gefahr anzusehen ist;
2. bei Versicherungen auf Güter, imaginären Gewinn und Provisionen, wenn die Güter das Ziel nicht erreichen können, welches als das Ende der von dem Versicherer übernommenen Gefahr anzusehen ist,
3. bei Versicherungen auf die Fracht, wenn Unfälle, gegen welche die Versicherung genommen ist, es verhindert haben, daß Fracht verdient wird.

Anhang Nr. 25.

Abschrift aus den Protokollen der Kommission zur Beratung eines allgemeinen deutschen Handelsgesetzbuches.

390. Sitzung, Seite 3385.

Anlage.

Beschlüsse über den Totalverlust.

§ 1.

Im Falle des Totalverlustes hat der Versicherer die volle Versicherungssumme zu zahlen.

§ 2.

Ein Totalverlust wird in Ansehung des Schiffs und der Güter bezahlt:

I. Wenn dieselben dem Versicherten in Folge eines Unfalls, für welchen der Versicherer haftet, ohne Aussicht auf Wiedererlangung gänzlich entzogen sind, insbesondere:
   1. wenn sie unrettbar gesunken,
   2. wenn sie bis zur gänzlichen Wertlosigkeit zerstört,
   3. wenn sie genommen und für gute Prise erklärt sind;

II. wenn sie unter Embargo gelegt, von einer kriegführenden Macht aufgebracht, auf andere Weise durch Verfügung von hoher Hand angehalten oder durch Seeräuber genommen und während der Verschollenheitsfristen nicht freigegeben sind (obschon jede Aussicht auf Freigebung noch nicht verschwunden ist);

   Die Fristen werden nach Maßgabe des Ortes wo die Aufbringung, Anhaltung oder Nehmung geschehen, und von dem Tage an berechnet, an welchem dieselben dem Versicherer durch den Versicherten (Art. 712) angezeigt sind;

III. wenn das Schiff als verschollen anzusehen ist.

   In Ansehung des Schiffs wird ein Totalverlust bezahlt, wenn dasselbe einen Schaden erlitten hat und:
   1. entweder die Unmöglichkeit seiner Reparatur vorliegt, wohin auch gehört, wenn die Reparatur an dem Orte, wo es sich befindet, nicht bewirkt und seine Beförderung nach einem anderen Orte, wo dieselbe möglich wäre, nicht ausgeführt werden kann,
   2. oder die Reparaturkosten für sich allein ohne Abzug des 1/3 für den Unterschied zwischen alt und neu 3/4 des vertragsmäßigen und in Ermangelung desselben des gesetzlichen Versicherungswerts übersteigen würden.

Anhang Nr. 26.

Abschrift aus den Protokollen der Kommission zur Beratung eines allgemeinen deutschen Handelsgesetzbuches.

Aus der Anlage zur 393. Sitzung, Seite 3419.

Art. 745 (Art. 653)

Ein Totalverlust liegt dergestalt vor, daß der Versicherte befugt ist, gegen Abtretung der in Betreff des versicherten Gegenstands ihm zustehenden Rechte die Zahlung der vollen Versicherungssumme zu fordern (Abandon):

1. In Ansehung des Schiffs, der Güter, der Fracht, der Überfahrtsgelder, des imaginären Gewinns, der Provision, der Bodmerei- und Havereigelder, wenn das Schiff als verschollen anzusehen ist.
2. In Ansehung des Schiffs, der Fracht und der Überfahrtsgelder, wenn das Schiff unter Embargo gelegt, von einer kriegführenden Macht aufgebracht, auf ander. Weise durch Verfügung von hoher Hand angehalten oder durch Seeräuber genommen und während der Verschollenh.itsfristen nicht freigegeben ist.
3. In Ansehung der Güter, der davon erwarteten Fracht, des imaginären G.winns und der Provision oder der Bodmerei- und Havereigelder, wenn die Güter oder der verbodmete oder der Gegenstand, für welchen die Havereigelder vorgeschossen sind, von einem Unfall der unter No. 2 bezeichneten Art betroffen sind.

Die Fristen werden nach Maßgabe des Orts, wo die Aufbringung, Anhaltung oder Nehmung geschehen und von dem Tage an berechnet, an welchem dieselben dem Versicherer durch den Versicherten (Art. 712) angezeigt sind.

Anhang Nr. 27.

Norddeutscher Lloyd, Bremen.
Ost-Asiatische Fahrt.

Freistellungsschein.

Die nachstehend verzeichneten Güter aus D. werden hiermit freigestellt zur Ablieferung von Schiffsbord in an die Firma oder deren Order nach Maßgabe der Konnossementsbestimmungen und vorausgesetzt, daß eine Entlöschung nach Ansicht der Schiffsleitung möglich ist.

Die Konnossemente sind bezw. genügende Sicherheit dafür ist in unserem Besitz.

Fracht und Nothafenkosten bis .... sind geordnet.

Falls die Abnahme der Güter, einerlei aus welchem Grunde, nicht bis zum .... erfolgt, ist für jeden weiteren Monat ein Nothafenkostenzuschlag von ½% vom Cif-Werte der Ware vom Abnehmer an Ort und Stelle zu bezahlen; ein angefangener Monat wird für voll gerechnet. Der Cif-Wert dieser Güter ist: ....
....

Es sind ..... gleichlautende Freistellungsscheine gezeichnet; sobald einer erfüllt ist, sind die anderen kraftlos. Mit Ablieferung der Ladung an den Empfänger sind alle aus dem Konnossement herzuleitenden Ansprüche an die Reeder erloschen.

den